知らずにやっている
ネットの危ない習慣

吉岡　豊

青春新書
PLAYBOOKS

はじめに　危険と共存しながら楽しいネットライフを！

インターネットの世界には危険がたくさんある。ウイルスやスパイウエアはそこら中にあふれているし、フィッシング詐欺や架空請求をする悪党もいる。そして、その裏には偽サイトやダークウェブのような危険な世界も広がっている……。たしかにこれらは事実だ。

しかし、現実社会にも凶悪な犯罪があり、暴力団やマフィアがいて、空き巣だって詐欺だってそこら中で起こっている。このような世界ではあるが、過剰にそうした危険を恐れていては一歩も外に出られない。

むしろ、それらは充実した生活を送るための材料や刺激でもあって、われわれは共存しながら生きている。現実にあるさまざまな危険についての情報をなんとなく知りつつ、うまく避けながら生活しているのだ。

それはインターネットの世界でも同じだ。よくある危険についてあらかじめ知っておけば、「ははーん、これは○△だな」とうまく回避することができる。

ただし、インターネットの場合は危険がはっきり目に見えないことも多い。フィッシング詐欺やなりすましの犯人もネットの向こう側にいる。そして、インターネットは基本的に一人で利用するものなので、危険が迫ったときは一人で判断しなければならない。

ネット犯罪者が狙っているものは、①ユーザーIDとパスワード、②銀行口座、クレジットカード情報、③個人情報、に大別される。まずは、これらを狙って積極的にアクセスしてくるサービスや人物を警戒すればいい。ただし、やみくもに警戒するのではなく、手口や傾向などをある程度知っておけば、ムダなエネルギーを使わなくてすむ。

本書では、ネットでよくあるさまざまな危険について、その注意点や回避方法を誰にでも理解できるような表現を使って解説するよう心がけた。

その詳しい仕組みまで理解する必要はない。「こんな危険があるのか」「こういうことに注意すればいいのか」ということに気がついてもらえれば、それだけで意義がある。この本が、みなさんの楽しく快適なインターネットライフの一助になれば幸甚だ。

２０１９年５月　吉岡豊

知らずにやっているネットの危ない習慣◆もくじ

1章 これだけは知っておきたい！ ネット社会の基礎知識

2章 メールやクラウドに潜んでいる危険なワナ

3章

ネットショッピングでダマされないための心得

4章 身の危険も! ブログやSNSで必ず注意すべきこと

5章 ネットで犯罪行為をしない、されないための注意点

本文デザイン・DTP 佐藤 純(アスラン編集スタジオ)

1章
これだけは知っておきたい！ネット社会の基礎知識

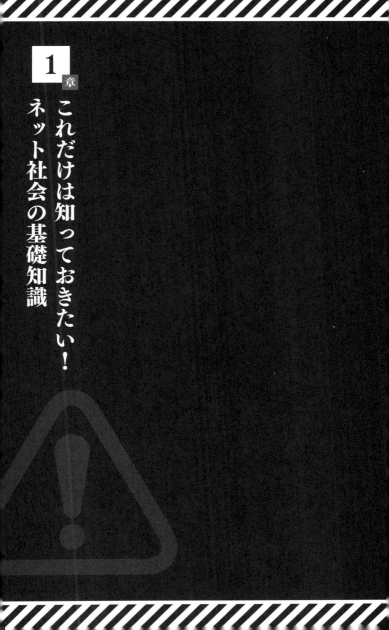

セキュリティの基本

偽サイトに〝釣り上げる〟「フィッシング詐欺」に注意

メールにあるリンクをクリックしたら、見慣れたサイトの画面が現れた。サイトの不自然な部分には気がつかず、手続きを進めたら実は個人情報を奪うことが目的だった……。このような経験をしたことがある人も多いのではないだろうか？

これは「フィッシング詐欺」と呼ばれる手法で、**銀行や企業などを装って、個人のクレジットカード情報や銀行口座情報を盗み出そうとするものだ。**たとえば、「カードが不正利用されている可能性があります。至急、次のページで取引内容を確認してください」などの内容の電子メールを送り、緊急対応を迫って偽サイトにアクセスさせる。そこで、クレジットカード番号や口座番号、パスワードなどの情報を盗み取るわけだ。

偽サイトは本物の銀行や企業のウェブページとそっくりにつくられているため、ダマされていることに気づかないユーザーも多い。最近ではＳＮＳやグーグル、ヤフー！などのユーザー情報や仮想通貨を狙ったフィッシング詐欺も増えてきている。

クレジットカード情報や口座番号が盗まれると、ショッピングやキャッシングに不正使用されたり、個人情報が売買されてしまったりする。また、ＳＮＳのアカウント情報を盗まれると、なりすまし（アカウントを乗っ取り他人になりすまして不正を行うこと）や、写真や動画を用いた恐喝などに利用されることもある。

▲LINEのアカウントを盗み取ろうとするフィッシングメール。「LINE緊急問題」などというタイトルでフィッシングサイトへ誘導する

パスワードの変更を促してきたら要注意

フィッシングサイトへ誘導するメールの多くは、前述のような「第三者によるログインが確認された」というものや、「セキュリティ強

化対策」「アカウント情報の間違いを指摘」など、もっともらしい理由をつけてアカウントへのログインの緊急性を訴えてくる。

しかし、**銀行やクレジットカード会社からクレジットカード番号や銀行口座、パスワードを確認するメールがくることはない。**疑わしい内容のメールが届いたら、冷静にメールを読み返して不自然な部分がないか確認しよう。

では、フィッシング詐欺の被害にあわないために、疑わしいメールにはどのように対処すればいいのだろうか。いちばん大切なのは、**情報の確認やログイン画面を表示するためのURL（ウェブページのアドレス）やリンクは絶対にクリックしない**ということだ。

もしフィッシングサイトらしきページが表示されたら、次の点をチェックしよう。

①URLは「https:」から始まっているか

通信情報を暗号化し、サイト運営者の身元を確認するための機能が「SSL証明書」で、多くの銀行や企業のサイトで導入されている。この証明書が導入されていると、アドレスバーに鍵のアイコンが表示され、URLは「https:」で始まる。

②入力欄の項目や内容に不自然な部分がないか

偽サイトは日本語がぎくしゃくしていたり、不自然だったりする場合が多い。

③URLは正しいか

アドレスバーのURLが正しいかどうかを確認しよう。その企業名やサービス名をURLの一部に入れて安心させるケースもあるので要注意だ。

もし、フィッシング詐欺の被害にあってしまったら……

すぐカード会社に連絡し、クレジットカードやキャッシュカードのパスワードの変更、カードの利用停止などの手続きをしよう。そうしておけば、身に覚えのない請求がきた場合でも対処できる。また、SNSなどのアカウント情報を抜き取られた場合は、アカウントのパスワードをすぐに変更し、商品購入や課金サービスへの登録などがないか確認する。

フィッシングメールのアドレスやフィッシングサイトのURLは、「フィッシング110番（警視庁）」や「フィッシング対策協議会」などに報告しよう。

セキュリティの基本

お金を振り込んだのに商品が届かない！巧妙な偽ショッピングサイトにご用心

ＳＮＳやメールにブランド品のバーゲンを宣伝するメッセージが届いた。リンクをクリックすると楽天市場の画面が表示されたので、安心して欲しかったバッグを購入。しかし、いくら待っても商品が届かない……。このような場合、偽サイトにダマされた可能性がある。

楽天市場や有名ブランドの通販サイトを巧妙に真似た偽サイトが横行しているのだ。最近では、ふるさと納税や国税庁、検察庁などの偽サイトまで確認されている。このような偽サイトでは、「バーゲン」「会員限定」などの甘い文言でユーザーを誘導し、商品を購入させて現金をダマし取ったり、クレジットカード情報を詐取して不正利用したりする。

偽サイトは検索しても検索結果の上位に表示されることが少ない。そのため、電話番号あてのショートメールやメールでリンクを送りつけてユーザーを誘導するケースがほとんどだ。**知らない相手から届いたメールのリンクには、アクセスしないようにしよう。**

その通販サイトは本物？

偽サイトの多くは、「ブランド名」や「激安」といったキーワードで誘っているため、**普段から価格を比較してネットショップを行き来している人ほどダマされやすい。**最近の偽サイトは、本物のサイトの画像をそのまま利用するなど巧妙になっており、ひと目では見抜けない。偽サイトにダマされないために、次のようなポイントをチェックしよう。

①運営企業の会社情報は表示されているか
②ロゴマークや会社名が正しく表示されているか
③問い合わせ先がフリーメールになっていないか
④支払いが銀行口座への先払いに限定されていないか
⑤口座名義が個人名になっていないか
⑥文章や漢字の表記に不自然な点がないか
⑦URLがまったく関係ない内容になっていないか

▲「Rakuten Rebates」の偽サイト。ロゴがなく、[IDでログイン]となっている。リンクをクリックすると、いくつかは本物のログイン画面が表示されるが、多くは偽サイトのログイン画面に誘導される

セキュリティの基本

「不正アクセス」で知らないうちに犯罪に加担している可能性も……

不正アクセスというと、企業のサーバーに侵入して会員情報を盗み出すといった大規模なものを思い浮かべるが、SNSアカウントの乗っ取りや不正アプリの無断インストールなどもそのひとつで、身近に起こりうる不正行為だ。自分は狙われないだろうと油断しているとSNSのパスワードやクレジットカード情報などが盗まれて、不正送金やなりすましなどの被害を受けることになる。認知度は高くないが非常に一般的なネット犯罪なのだ。

不正アクセスとは、アクセス権のないユーザーが不正な方法でパソコンなどの機器に侵入して情報を盗み取ったり、不正に操作したりする行為全体のことを指す。「ボットネット」や「なりすまし」も不正アクセスのひとつだ。

不正アクセスは、一般的にIDとパスワードを解読するアプリを利用したり、ソフトウエアの脆弱性を突いたりしてパソコンやスマホなどに侵入する。そのように不正にパソコンに侵入した後に行われる犯罪行為は、だいたい次の5種類に分類される。

①ネットバンキングからの不正送金

銀行の口座番号やパスワードなどの情報を不正に入手し、別の口座に預金を送金する。不正アクセスで最も多い被害がこの不正送金だ。最近では、仮想通貨の脆弱性を突いた不正送金も大きな問題となっている。

②ネットショップでの不正購入

アマゾンや楽天市場など、ショッピングモールのIDとパスワードなどの情報を盗み取り、不正に商品を購入する行為。情報の詐取には偽サイト（P14）を利用するケースも多い。Apple IDやグーグルアカウントで音楽やゲームを不正利用されるケースも増えている。

③SNSのアカウントの乗っ取りやなりすまし

ツイッターやLINE、フェイスブックのアカウント情報を詐取し、本人になりすましてその友だちに金品を要求したり、悪意のある情報を流布したりする行為。LINEのアカウントを乗っ取り、ユーザーになりすましてアマゾンなどのプリペイドカードを購入させ、その番号を渡すよう要求する行為が問題になった。

④機密情報の詐取や改ざん

企業や行政機関などの機密情報を狙う不正アクセス。たびたびニュースになる企業の顧客情報漏洩がこれにあたる。盗み出された情報は売買され、別の不正アクセスに利用される。

⑤他のパソコンへの攻撃に利用される

パソコンに侵入し、遠隔操作を可能にする「ボット」と呼ばれるプログラムを無断でインストールする行為。ボットに感染したパソコンは悪意のある第三者によって遠隔操作されてしまい、不正送金や情報の詐取などの犯罪行為に加担することになる。

不正アクセスを防ぐには

不正アクセスを防ぐには、**パソコンやスマホにセ**

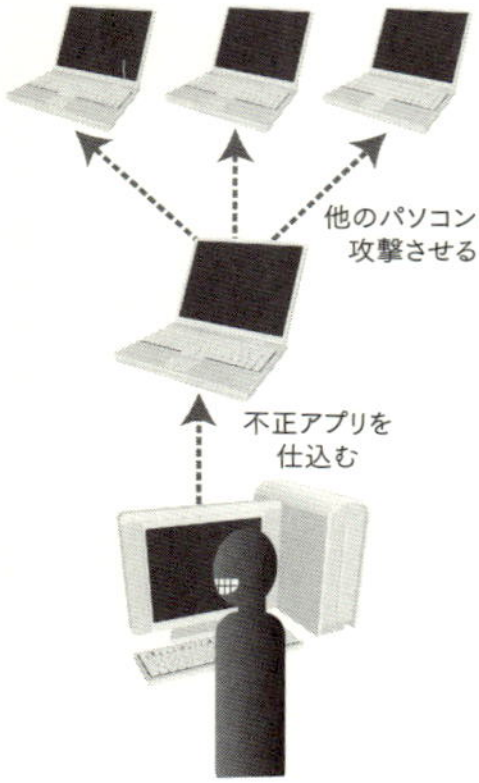

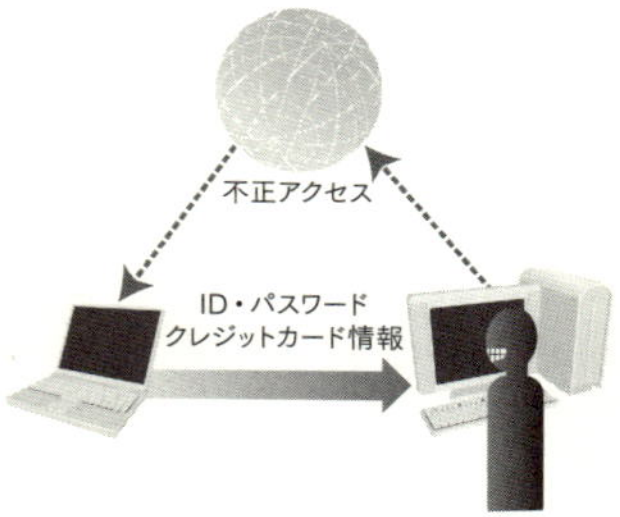

▲不正アクセスによる情報詐取。盗まれた情報は不正送金や不正購入、なりすましなどに利用される

キュリティソフトを導入し、それを常に最新の状態に保つことが何より重要だ。そして、パソコンならウインドウズ、スマホならiOSやAndroidといったOS（オペレーティングシステム）を常に最新の状態にする。これらが古いバージョンのまま使い続けていると、その脆弱性を突かれる可能性がある。

また、「0000」や「123456」といった単純なパスワードは避けよう。不正アクセスには、自動的に何万通りものパスワードを試すプログラムが利用されている。大文字と小文字の英数字を組み合わせるなど、**パスワードを簡単には解析できないようにする**工夫が必要だ。

また、「他の端末で、LINEにログインしたことを通知するメッセージです」といった通知が届いたときは、不正アクセスの被害が疑われる。身に覚えがなければ、悪意のある第三者がLINEへのログインを試みたということだ。このような場合は、事態を重く受け止めて、まずはパスワードを変更しよう。また、クレジットカードの不正利用や不正送金が疑われる場合はすぐに利用履歴を確認し、カード会社に連絡してカードの利用を止めよう。**不正利用から規定の日数内であれば、不正使用された金額は保険が適用され、返金される。**

セキュリティの基本

「ウイルス」「ワーム」「トロイの木馬」——いちばん危険なのはどれ?

インターネットにアクセスすると関係のないウェブページが開かれ、閉じても閉じても同じページが表示されて困った……。このような経験をしたことがあるかもしれない。また、パソコンの電源が突然落ちるようになったり、ファイルがなくなったりするなど、パソコンの使用に支障をきたす現象が起こる場合もある。これは、**パソコンに悪意のあるプログラム「マルウエア」が侵入している**ことが原因かもしれない。

一般的に、パソコンに害をなすプログラムのことを「ウイルス」と呼ぶ傾向にあるが、「マルウエア」が正しい。マルウエアには、「ウイルス」「ワーム」「トロイの木馬」の3種類があり、感染方法や動作が異なるため知っておくといいだろう

ウイルス——コンピュータウイルスとも呼ばれる。単独では存在できず、既存のソフトウエアの一部を改ざんして侵入し、ファイルからファイルへ感染していく。ソフトウエアの

動作を遅くしたり、ファイルを破壊したりする。

ワーム――単体で存在できるマルウエアで、自己増殖できる。添付ファイルのような媒介を必要とせず、インターネットに接続するだけで感染する。ワームに感染したメールを自動的に送信したり、フォルダ上でコピーを繰り返して容量を圧迫したりする。

トロイの木馬――画像などのファイルに偽装してパソコン内に侵入し、情報を盗み出したり、外部からアクセスできるようバックドア（裏口）を設置したりする。自己複製できないため、感染したファイルを送信しなければ拡散を防げる。

マルウエアの感染を防ぐには

マルウエアの感染を防ぐには、まず**セキュリティソフトをインストールし、最新の状態を保つ**ことだ。そしてWindows Updateを実行してウインドウズを最新の状態に更新しよう。セキュリティソフトをインストールすると感染したマルウエアを除去できるほか、マルウエアや不正アクセスの侵入からパソコンを守ることができる。そして、知らない人からのメールのリンクや添付ファイルをクリックしないように用心しよう。

ダマシの手口

身に覚えのない架空請求のメールが来た どう対処すればいい？

突然、アダルトサイトの利用料滞納を告げるメールが届いたことはないだろうか？

内容を確認すると、「期日までに入金が確認できない場合、民事訴訟を起こす」などと書かれている。文面も理路整然としており、「債権回収」や「ブラックリストへの掲載」など、もっともらしい用語が使われているので信じてしまいそうになる。

実際にアダルトサイトを利用したことがある人なら、「訴えられたり家族や勤務先にばれたりしないのなら、3万円くらい」と考えて支払ってしまうかもしれない。しかし、これは**アダルトサイトを利用したことの後ろめたさを巧みに利用した架空請求詐欺**だ。

「架空請求」とは、あたかも商品やサービスを契約したように偽ってその代金や利用料を請求し、金品をダマし取ることだ。メールやショートメールによる犯行が中心だが、**数年前からハガキや電話による架空請求が増えてきており、その手口は多様化している。**

架空請求の手口を知っておこう

実際の架空請求の事例を見てみよう。身に覚えのないアダルトサイトの利用料請求のメールが届く。請求金額は30万円で、支払わなければ法的手段を取ると記載されている。

記載されている番号に電話したところ、「すぐに支払ってください」と言われたので、「サービスを利用したことはない」と応じると、「裁判にしてもいい」と引く気配はない。「現金がない」と言うと、「プリペイドカードなら10万円に減額できる」との返事。10万円なら、と言われたとおりにプリペイドカードを購入し、番号を教えた――。このような流れだ。

裁判所からの文書を無視してはいけない

架空請求のメールやハガキが届いても、すべて無視しよう。書かれている内容はまったくのウソで、応じなくても代金を徴収しに押しかけてくることはまずない。ただし、メールやハガキを無視した結果、司法制度を利用して実際に裁判所から請求書が送られてくることがある。これを無視すると請求を認めたことになってしまうため、2週間以内に異議申し立てを行う必要がある。メールやハガキの差出人ではなく裁判所に確認を取ろう。

ダマシの手口

アカウントを乗っ取り悪用する「なりすまし」に要注意

最近連絡を取っていなかった先輩からＬＩＮＥで連絡が入った。トーク画面を開くと、「何してますか？　忙しいですか？　手伝ってもらってもいいですか？」と、先輩らしくない他人行儀な口調。それでも、久しぶりの連絡に嬉しくなり、「おつかれさまです。どんなことでしょう？」とたずねると、「コンビニでiTunesのプリペイドカードを買ってきてもらえますか？」という。「どうしてですか？」とたずねると、「1万円のカードを買ってきたら、番号を写真に撮って送ってほしいです」との返信。「今すぐ？」と返すと、「急用なんです！」と返事がきたので、不審に思い返信するのをやめた――。

これは、以前流行ったＬＩＮＥを使ったプリペイドカード詐欺の手口だ。**アカウントを乗っ取り、その人物になりきって金品をダマしとる行為を「なりすまし」という。**最近では、ＬＩＮＥで電話番号と４桁の認証番号を聞き出し、アカウントを乗っ取る手口が広がりつつある。このほかにも、アップルやグーグルなどの企業になりすまし、アカウント情報や金品を盗み取ったり、他人になりすまして誹謗中傷を繰り返したりする事例がある。

なりすましによる被害を防ぐには

なりすまし被害の原因のひとつは、アカウント情報の漏洩だ。画像のようにLINEなどで直接聞き出そうとする場合もあるが、メールで偽サイトに誘導しアカウント情報やクレジットカード情報を盗み取る場合もある(P14)。メールやSNSでアカウントやクレジットカードの情報を聞かれたら、まずは疑ってかかるべきだ。また、友だちがなりすましに乗っ取られたら、情報を拡散して被害が広がるのを防ごう。

今日
iPhoneが水没してしまって。携帯番号おしえて。
それは、お気の毒様やな。080-　-　よ。
ラインの確認メッセか届くから、認証してくれるかな。で、４桁の番号をおしえて。
届いた、届いた
４桁の番号送って
えっと、1098だよ
うえーい

▲LINEで電話番号と認証番号を聞き出し、アカウントを乗っ取ってなりすましに利用する

ネットの闇

パソコンが不正アクセスに利用され いつの間にか犯罪に加担しているかも

ある日突然、警察が自宅にやってきて取り調べを受けた。自分のパソコンが、企業のサーバーを攻撃した記録が残っているという。企業のサーバーの情報なんて知らないし、興味もない。それに、他のパソコンを攻撃するような技術も知識もない……。そのことを警察に話すと、「ボットですね」という返事が――。こんなことがあるかもしれない。

外部からの遠隔操作で他のパソコンやサーバーを攻撃するプログラムのことを「ボット」という。悪意ある第三者が、一般ユーザーのパソコンへ不正にアクセスしてボットを設置する。そして、指令を出すとボット化されたパソコンが企業や金融機関などのサーバーを攻撃するという仕組みだ。ネットワーク化されたボット端末群を「ボットネット」という。

ボットに気づくことは難しい

ボットには、大きく分けて同じネットワーク内で活動するタイプと、外部に対して攻撃するタイプの2種類がある。ネットワーク内で活動するボットはアカウント情報や口座情報などを詐取して、不正アクセスや不正送金などのスパイ活動を行う。

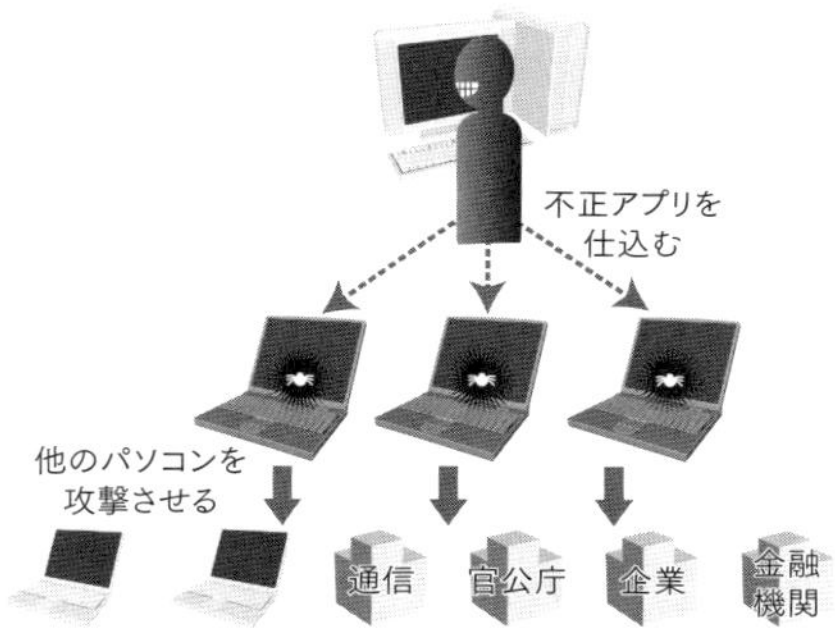

▲ボットを設置されると、犯罪に加担することになる

もう一方の外部を攻撃するタイプは、不特定多数の端末をボット化し、企業などのサーバーに大量のデータを送信してネットワークを占拠する「DDoS攻撃」を行う。DDoS攻撃を中止する代わりに金銭を要求するという、立派な脅迫事件だ。

自分のパソコンにボットが設置されても、ユーザーがそれに気づくことは難しい。**知らない間に犯罪行為に加担させられる**ことは、社会生活を送るうえで大きなリスクだ。

ボットのインストールを防ぐためには、まずセキュリティソフトをインストールして最新の状態に保つこと。そして、不審なリンクは絶対にクリックしないことだ。

ネットの闇

「契約が成立しました」と脅すワンクリック詐欺って何？

アダルトサイトを楽しんでいるときに、少し気持ちが大きくなって「無料」と書かれているバナー広告をクリックした。すると、画面が切り替わって、「おめでとうございます！登録が無事に完了しました。」との通知が表示された。意味がわからず、思わず「ＯＫ」ボタンをクリックすると、ネットワークの詳細な情報と「個人情報を取得させていただき、正式に登録が完了しました。登録料５万円を至急下記口座までお振り込みください」と表示された。怖くなって、記載されている連絡先に電話してしまった——。

これは、ワンクリック詐欺と呼ばれる架空請求詐欺のひとつだ。ワンクリック詐欺では、**バナー広告やリンクをクリックしただけで「契約が成立した」と強弁して、サービス料や商品の代金を請求する。**多くの場合、ユーザーのＩＰアドレスなどのネットワーク情報を表示し、あたかも個人を特定したかのように見せかけて不安をあおり、支払い画面へ誘導

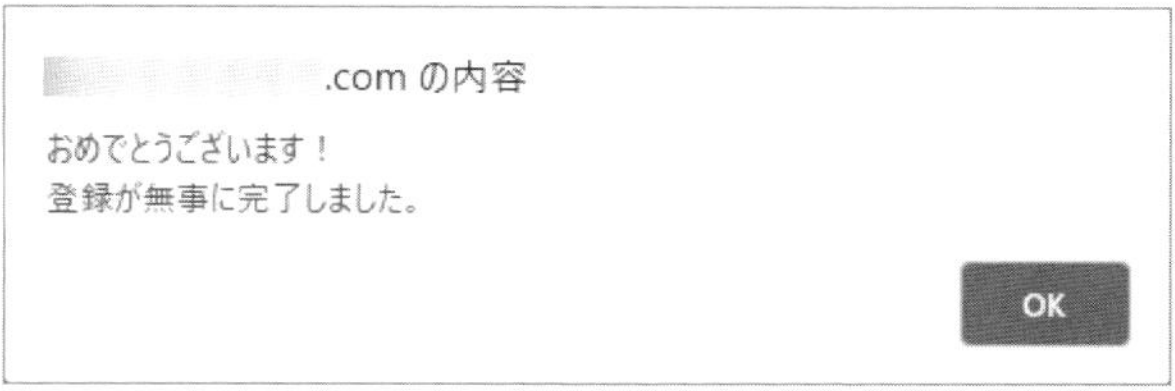
.com の内容
おめでとうございます！
登録が無事に完了しました。
OK

▲このような表示が出たとしても、バナーをクリックするだけで契約が成立することはない。無視しよう

する。

スマホにもワンクリック詐欺がある

スマホで無料動画サイトの作品を見ようとしたとき、動画アプリのダウンロードを促される場合は警戒が必要だ。動画アプリをインストールした途端、登録料請求画面やショートメールが表示されることがある。この場合は、ウェブブラウザのキャッシュやCookie（クッキー＝ユーザー情報の一時データ・P34）を削除しよう。

ワンクリック詐欺への対処法はひたすら無視することだ。法律的にクリックひとつで契約は成立することはなく、個人情報を取得したというのもウソ。けっして請求者に連絡してはいけない。電話したとしても支払いには応じず、該当の電話番号を着信拒否に設定しよう。

ネット社会の矛盾

役に立つけど時に危険な「Cookie（クッキー）」の仕組み

ウェブブラウザでフェイスブックなどのSNSにアクセスすると、初回のみIDとパスワードの入力を求められる。しかし、次のアクセスからは自動的にログインでき、直接自分のページが表示される。パソコンやスマホがIDとパスワードを覚えていてくれていることは何となくわかるが、具体的にその仕組みを説明できるユーザーは意外に少ない。

ウェブブラウザでサイトにログインすると、ウェブサイト側からユーザー設定が記録されたCookie（クッキー）と呼ばれる小さなファイルが発行され、パソコンやスマホに保存される。Cookieにはユーザー IDやパスワードなどが記録されていて、**ウェブサイトへログインするための通行証明書のような役割を果たしている。** そのため、2度目以降のアクセス時には、いちいちパスワードを打ち込む必要がない。

また、ネットショップではCookieにカートの記録を残せるため、ショッピングを途中

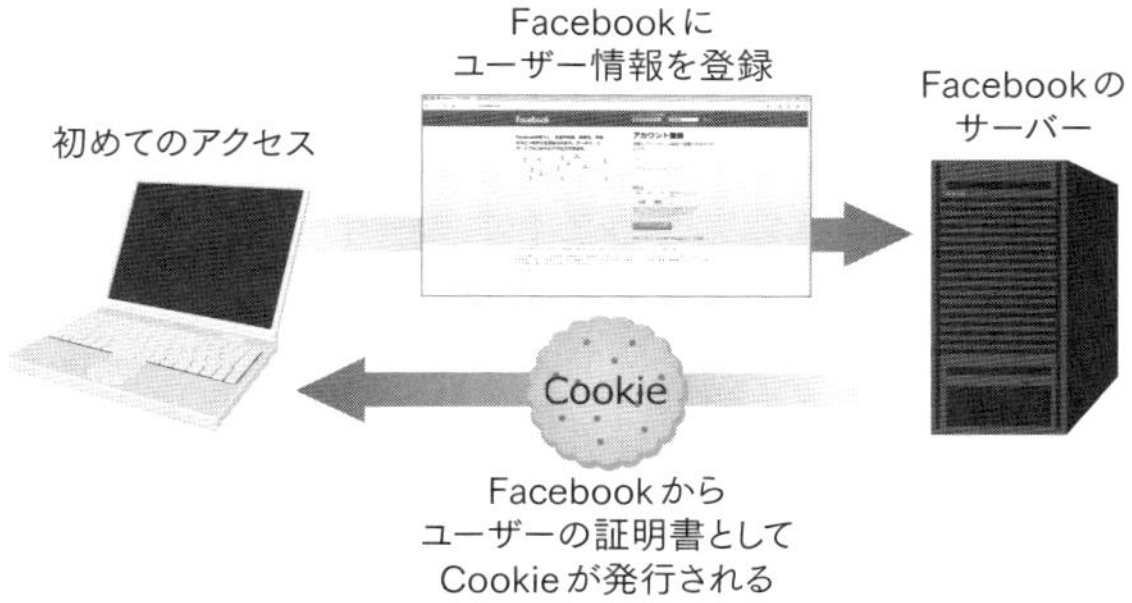

▲Cookieはユーザー登録やログイン時に発行され、パソコンやスマホ上に保存される

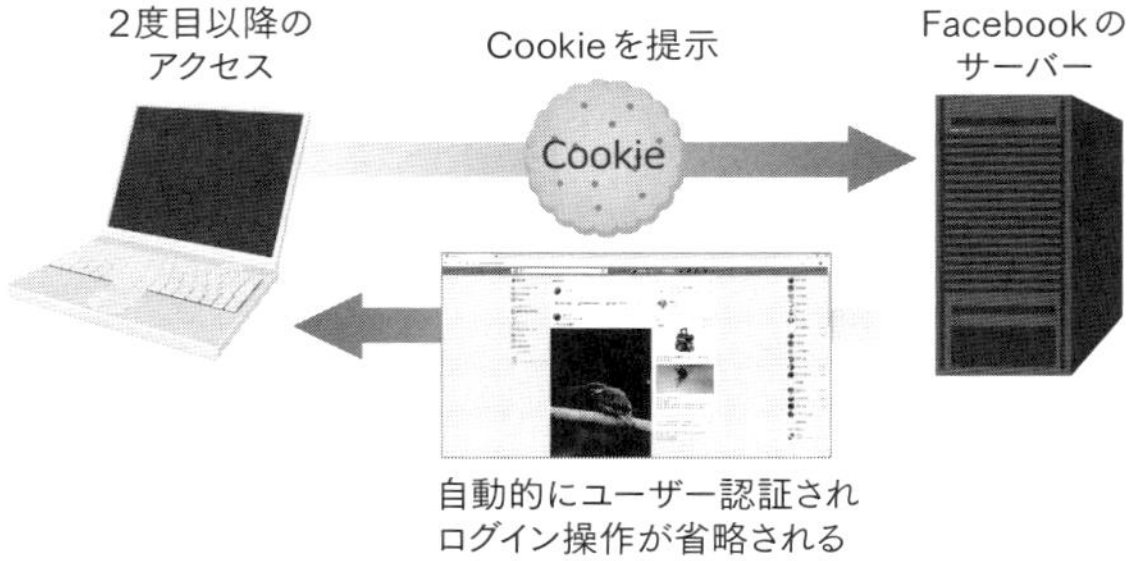

▲再びウェブサイトにアクセスする際にはCookieが身分証明書となり、ログイン操作は省略される

でやめても翌日以降に同じ状況から続けられる。このように、インターネットの利用にCookieは欠かせない存在となっているのだ。

便利な半面、危険な側面も

一方で、CookieはユーザーIDやパスワード、クレジットカード情報などを保持しているため、その盗用や情報漏洩の危険がある。**仕事場やネットカフェなどのパソコンでは、SNSやネットショップ、ネットバンキングを利用しないようにしよう。**Cookieが残っていると、ウェブサイトを表示するだけでログインできるため、アカウント主になりすまして不正送金や不正購入、個人情報の盗用などの不正行為に悪用される可能性がある。もし公共のパソコンを利用する必要がある場合は、忘れずにCookieを削除しよう。

サードパーティCookieにご用心

ミラーレス一眼レフを買おうと思って関連情報サイトにアクセスしたら、それとは関係ないサイトにアクセスしてもミラーレス一眼レフの広告が表示されるようになった——。これは、バナー広告の広告運営会社が発行する「サードパーティCookie」の仕業だ。「追跡Cookie」とも呼ばれ、ユーザーが表示したウェブサイトの情報を収集し、ユーザーの興味があるものを広告に表示させることができる。**サードパーティCookieは必ずしも悪いものではない**が、ユーザーのアクションを追跡しながら嗜好や端末情報など多くの情報を収集している。気になる人は、次の手順で定期的にCookieを削除しよう。

パソコンのChromeの場合

右上端にある3つの点のアイコンをクリックし、［設定］を選択すると表示される［設定］画面で、最下部にある［詳細設定］をクリックする。［プライバシーとセキュリティ］の最下部にある［閲覧履歴データを消去する］をクリックし、［基本］タブを選択して、［Cookieと他のサイトデータ］をオンにし、［データを消去］をクリックする。

iPhoneのSafariの場合

ホーム画面で［設定］アイコンをタップし、［設定］画面で［Safari］をタップして、［履歴とWebサイトデータを消去］をタップ。表示されるメニューで［履歴とデータを消去］をタップする。

Androidスマホの［ブラウザ］アプリの場合

［ブラウザ］アプリを起動し、右上端の3つの点のアイコンをタップして、［設定］をタップ。［プライバシーとセキュリティ］をタップして、［Cookieをすべて削除］をタップし、表示される画面で［OK］をタップする。

ネット社会の矛盾

ずさんなパスワード管理は大いなる災いを招く可能性も

久しぶりにオンラインモールにアクセスしたら、パスワードの入力を求められた。普段は自動ログインなのでパスワードはうろ覚え。思いついたパスワードを試してみるもログインに失敗。パソコンの中やメモ帳など、心当たりをくまなく探したが見当たらない……。

こんな経験をしたことがある人は多いだろう。インターネットの利用頻度が上がるほど利用するサービスの数も増えていき、サービスごとにユーザーIDとパスワードが必要になってくる。ユーザーIDとパスワードの使い回しは危険だというけど、サイトごとに別のパスワードにして覚えておくのも大変だ。**パスワードの管理は、今やインターネットの利用で最も重要で面倒な作業のひとつ**だといえる。

推測しやすいパスワードは絶対的にNG

「0123456」や「aaaaaaaa」など、連番や特定の文字の繰り返しをパスワードに設定していないだろうか。犯罪者はパスワードを解析するためのアプリを使って、何万通りという組み合わせの解析を一瞬にして終わらせる。**単純な文字の組み合わせほど簡単に解析できてしまう**のだ。また、個人情報の一部を使う、辞書にある単語を使うのも危険だ。パスワードは8文字以上でアルファベットの大文字と小文字、数字、記号を組み合わせたものが比較的安全だ。

▲[ログインしたままにする]をオンにすると、自動ログインできるようになる代わりに、不正購入などのリスクも高くなる

自動ログインは便利だが高リスク

オンラインモールにSNS、動画配信サービスなど、すべてのサービスのユーザーIDとパスワードは覚えきれないとしたら、Cookie（P34）を使った自動ログイン機能が便利だ。しかし、いつも使うパソコンからなら誰でもログインできてしまうというリスクがある。また、パ

スワードは定期的に変更したほうがいいだろう。

パスワードの使い回しは危険！

利用しているオンラインサービスが多いユーザーほど、同じユーザーIDとパスワードを使い回している傾向にある。パスワードを使い回せば、サービスごとにパスワードを覚えておく必要もないし、管理も楽だ。

しかし、**一度ユーザーIDとパスワードが盗まれてしまうと、同じユーザーIDとパスワードで管理しているすべてのサービスが危険にさらされる。**なりすましによる不正購入や不正送金、個人情報の詐取などのインターネット犯罪に巻き込まれる可能性もあるのだ。パスワードはサービスごとに異なるものを設定し、定期的に変更することが望ましい。

あなたに合ったパスワード管理の方法を見つけよう

①メモ帳に書き写して管理する

メリット――インターネットから情報が漏洩することはなく、自宅に保管しておけば人に見られる可能性も低い。費用もかからない。

デメリット――紙が破れたり、インクがにじんだりして情報が破損する可能性がある。また、メモ帳をなくしてしまうとすべての情報が一度に失われる。ログインのたびにパスワードを入力する必要があり、入力ミスをしてしまう可能性もある。

②エクセルで管理する

メリット――エクセルファイルにパスワードを設定したり暗号化したりして、セキュリティを強化できる。パスワードとユーザーIDを分けて管理するなど、ユーザーが工夫して管理できる。ログイン時にコピー&ペーストで入力できる。

デメリット――ファイルを破損、紛失する恐れがある。ファイルが盗まれる可能性も。

③パスワード管理アプリを利用する

メリット――効率よくユーザーIDとパスワードを管理できる。クレジットカード情報やネットバンキングの情報も管理できる。セキュリティがしっかりしている。

デメリット――有料の場合が多い。サービスそのものがなくなった場合に備えて、バックアップをとっておくことも必要だ。

情報管理

「サイトの閲覧履歴」や「検索ワード」も大切な個人情報

昨日、あなたはどんな検索キーワードを使って何を検索しただろうか？　家族や同僚に見られても問題ない内容ばかりだろうか？　別に隠してはいないとしても、見られると恥ずかしいキーワードもあるだろう。**検索キーワードは、ユーザーの趣味や願望などがわかりやすく表れている。**だからこそ、第三者には知られたくない。

ブラウザ上で入力したテキストはすべて記録されていて、検索ボックスをクリックするだけで一覧として表示されてしまう。ログイン画面でユーザーIDとパスワードを入力するとそれらも記録され、一部を入力するだけで入力候補が表示されてしまう。

また、グーグルマップでは履歴から行き先や住所を、ユーチューブアプリでは視聴した動画を割り出すこともできる。**ユーザーは、意外にも検索キーワードには無防備なことが多い。**

入力履歴を表示させないように設定する

Chrome（パソコン）

Chromeを起動してグーグルアカウントにログイン。「マイアクティビティ」をキーワードに検索して、マイアクティビティのトップページを表示する。左側のメニューで「アクティビティ管理」をクリックし、「ウェブとアプリのアクティビティ」をオフにすると、検索時に入力履歴が候補として表示されなくなる。ただし、グーグルアカウントにログインした状態で検索した履歴に限られる。

Safari（iPhone/iPad）

ホーム画面で「設定」アイコンをタップして「設定」画面を表示し、一覧で「Safari」をタップする。「Safari検索候補」をオフにし、画面下部にある「履歴とWebサイトデータを消去」をタップして、表示される確認画面で「履歴とデータを消去」をタップする。

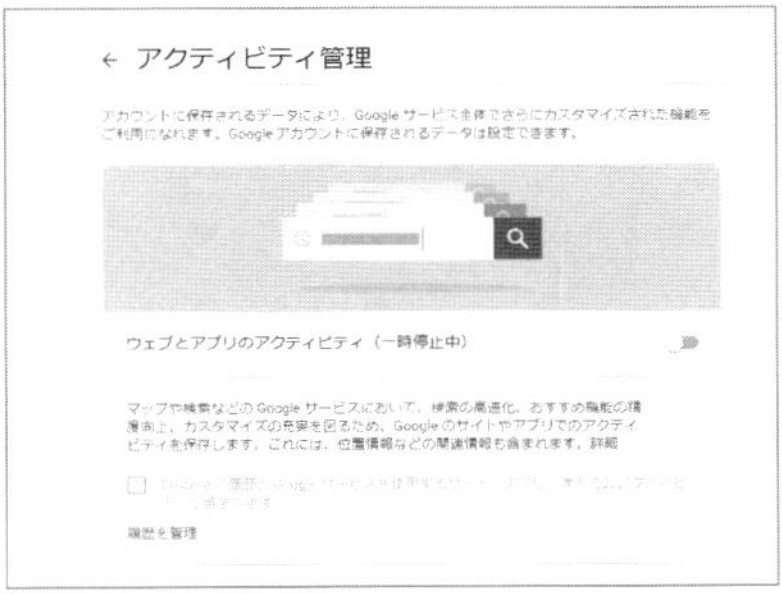

▲アクティビティ管理画面で、[ウェブとアプリのアクティビティ]をオフにすると入力履歴の表示が無効になる

音の管理

知らないうちに迷惑行為！スマホの操作音が鳴らないようにしよう

電車や映画館の中でスマホの着信音や操作音をオフにすることは、もはやマナーのひとつだ。しかし、マナーモードへの切り替え方は知っていても、**着信音やタップ音、バイブレーションなどを個別に設定する方法を知らない人は意外に多い。**さまざまな状況に対応できるように、サウンドの設定方法を確認しておこう。

iPhoneのサウンド設定

iPhoneの着信音や操作音の設定は、「設定」画面で「サウンドと触覚」をタップすると表示される「サウンドと触覚」画面で変更できる。

- **マナーモード時のバイブレーションをオフにする**――「バイブレーション」の「サイレントスイッチ選択時」をオフ
- **タイピング音をオフにする**――「キーボードのクリック」をオフ

・ロック画面に切り替える際の音をオフにする――［ロック時の音］をオフ
・マナーモードに切り替える――本体左側面一番上のスイッチを背面側に切り替える

Androidスマホのサウンド設定

Androidスマホの着信音や操作音の設定は、［設定］画面で［音設定］をタップすると表示される［音設定］画面で変更できる。なお、画面の表示は、機種やAndroidのバージョンによって異なる場合がある。

・着信時のバイブレーションをオフにする――［着信時バイブレーション］をオフ
・ダイヤル操作音をオフにする――［その他の音とバイブレーション］をタップし、［ダイヤルキー操作音］をオフ
・ロック画面に切り替える際の音をオフにする――［その他の音とバイブレーション］をタップし、［画面ロック音］をオフ
・操作音をオフにする――［その他の音とバイブレーション］をタップし、［タッチ操作音］をオフ

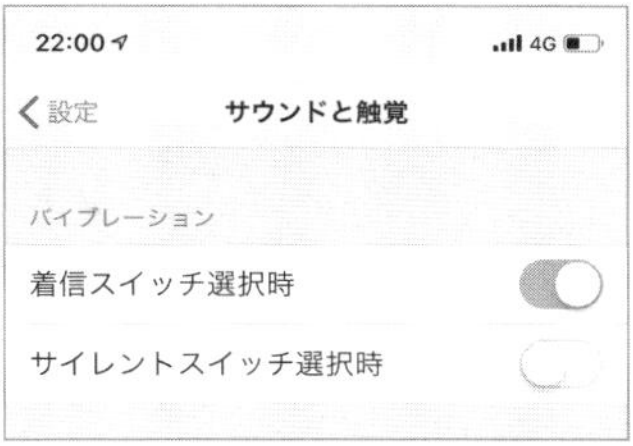

▲iPhoneは［サウンドと触覚］画面で着信音や操作音を調節できる

SNS依存

「いいね！」が気になって仕方がない……あなたもSNS疲れになっていませんか？

もしあなたが、「リア充を自慢されてるみたいでイラっとする」「フェイスブックの『いいね』の数が気になる」「LINEの着信が気になって落ち着かない」など、SNSでのコミュニケーションに辟易しているなら、それは「SNS疲れ」かもしれない。

これはLINEやツイッター、フェイスブックなどのSNSを頻繁に利用するユーザーに起こる症状で、**記事の内容や「いいね」の数、記事へのコメントなどに振り回され、疲弊している状態**をいう。「いいね」やリプライ（応答）数への執着や返信への義務感、過剰な気遣い、他人への嫉妬など、さまざまな原因がある。

SNSのよさは気軽に情報を発信したり、コミュニケーションを取ったりできることだが、それがあまりに簡単なため密度の濃い関係になりやすく、投稿やコメントなどに振り回されてしまう。重度になるとうつ病や社交不安障害、摂食障害を引き起こす可能性もある。

SNSを無理にやめる必要はない

SNS疲れのユーザーの多くはその症状を自覚しているが、SNSをやめられない。その理由には、「フェイスブックの記事を読んでいないと取り残されるような気がする」「リプライの数が減るのが怖い」などが挙げられ、**生活の中でSNSの優先順位が高い**ことがうかがえる。SNSを無理にやめてしまうと、気になってまた戻ってしまう可能性が高い。

SNS疲れを軽減するには、利用する時間を決める、利用するSNSを絞り込む、一回の利用時間を制限する、通知をオフにするなどしてコントロールすることが大切だ。**SNSとの接点を減らすことで、義務感や会話することへのプレッシャーなどを軽減できる。**

自分でSNSの利用をコントロールすることが難しいときは

スマホの機能やアプリを利用するという手がある。iPhoneには、[スクリーンタイム]という機能が[設定]画面に用意されていて、アプリのカテゴリごとに利用時間を制限できる。SNSが世界のすべてではないし、「いいね」やフォロワー数で人のレベルが決まるわけでもない。SNSが楽しく感じられなくなったら、まずは距離を置いてみよう。

スマホのマナー

スマホは情報が詰まった宝の山！なくしてしまったときに必ずすべきこと

電話やメールはもちろん、写真や動画の撮影、ショッピング、ネットバンキングなど多くのことがスマホひとつでできるようになり、**もはや生活になくてはならないインフラ**だ。近い将来、家電の操作や自動車の運転、自宅の防犯に至るまで、スマホが担う役割はますます増えていくだろう。

しかし、スマホに多くの機能を集中させるほどその重要度が増し、セキュリティが大きな課題となる。スマホを紛失してしまうことは、クレジットカード、キャッシュカード、身分証明書が入った財布にデジタルカメラ、アドレス帳、自宅のカギを一度になくす以上のダメージとなる。万が一のときのために、すべきことをシミュレーションしておこう。

スマホをなくしたときのリスク

まず、スマホを落としてしまった場合の最も大きなリスクは、**電子マネーの不正使用**だ。プリペイドタイプのnanacoやWAON、楽天Edy、モバイルSuicaは使用時に本人確認の必要がなく、レジでかざすだけで支払いができてしまう。特にオートチャージにしている場合、口座の残高がなくなってしまうまで利用が可能なため被害は甚大だ。

アドレス帳データの悪用も大きなリスクとなる。特にiPhoneの場合、ロックを解除しなくても緊急時用のメディカルID画面を表示させることができ、そこから持ち主の個人情報と緊急連絡先の情報を確認できる。また、スマホのロックが解除されてしまえば、**写真の無断掲載やなりすまし**、**迷惑メールの送信や電話の不正利用**なども可能だ。

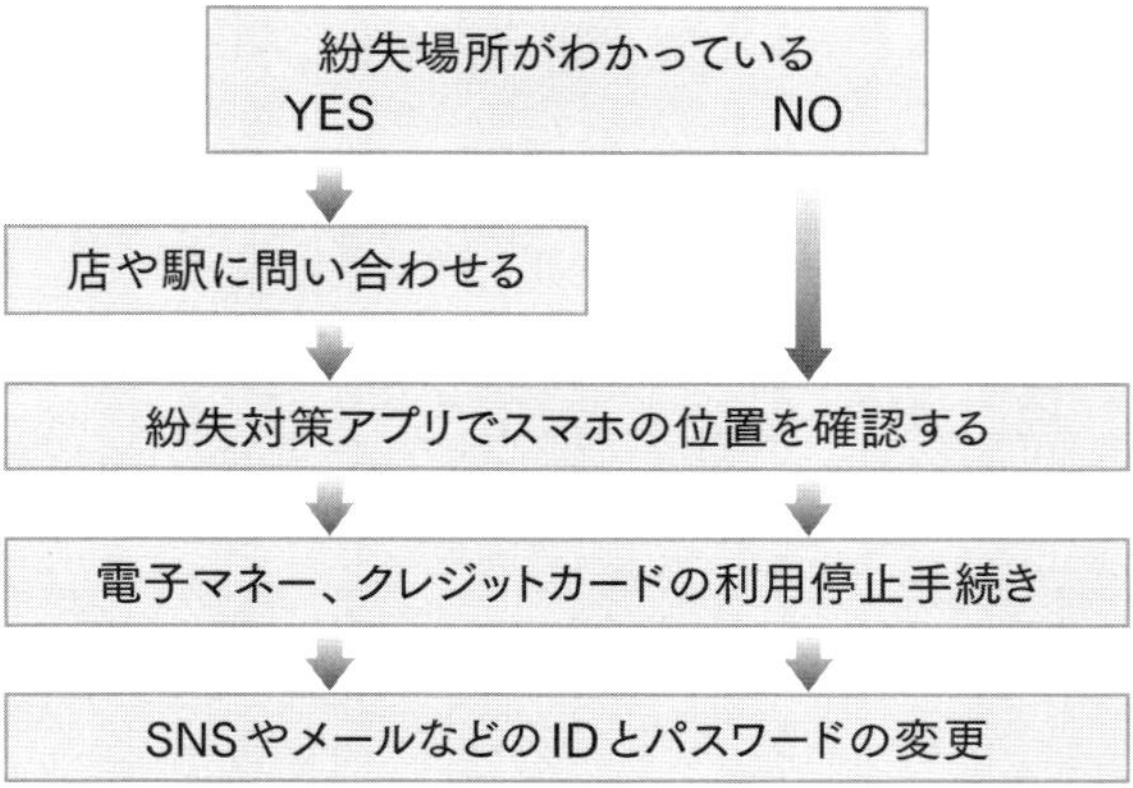

スマホのセキュリティをしっかりしておく

スマホを紛失しても、セキュリティをしっかり設定していれば不正利用を最小限に食い止められる。ロック解除に4桁のパスコードを入力する、図形を描くという方法があるが、推測しやすいうえに**画面に残った指紋跡がヒントになる**ため避けたほうがいい。

指紋認証や顔認証、虹彩（瞳孔の模様）認証などの**生体認証機能は、セキュリティレベルが高い**うえに、すばやくロック解除できて便利だ。また、アドレス帳アプリやアルバムアプリなど、アプリによってはパスワードを個別に設定できるものもある。

紛失時の行動をシミュレーションしておく

スマホの紛失場所がわからない場合、時間が経過するほど充電が切れるなどして手がかりがなくなってしまう。心当たりの場所になければすぐ紛失対策アプリを試してスマホの現在地を確認し、拾ってくれた人と連絡を取ろう。連絡が取れない場合、すみやかにクレジットカードや電子マネーの利用を止めて、ＳＮＳなどのパスワードを変更する。

紛失対策サービスの操作方法

iPhoneとAndroidスマホでは、紛失時にスマホの位置を確認できる紛失対策サービスが用意されている。iPhoneの場合、ブラウザでiCloudにログインし、［iPhoneを探す］をクリックすると地図上に緑のアイコンでiPhoneの現在地が示される。Androidスマホの場合はグーグルアカウントにログインしたうえで、「スマートフォンを探す」をキーワードに検索すると、検索結果にログイン中のスマホが地図上に示される。iPhoneの場合もAndroidスマホの場合も、音を鳴らしたりスマホの内容を消去したり、拾い主に連絡したりする機能が用意されている。なお、紛失対策サービスを利用できるのは、スマホの電源が入っていること、Wi-Fiか携帯電話回線につながっていること、アカウントにログインしていること、紛失対策アプリがオンになっていることが条件だ。

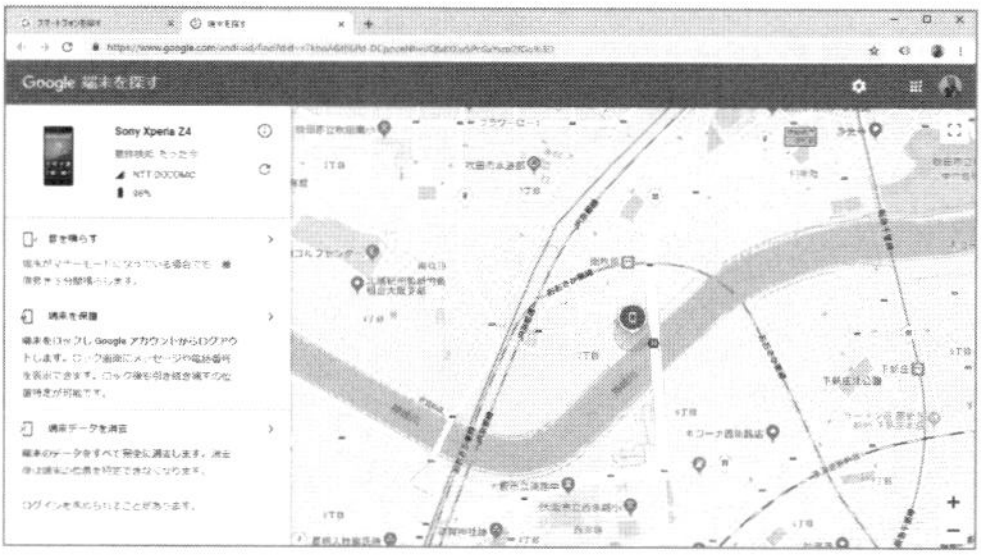

▲グーグルの[端末を探す]では、スマホの現在地を地図上に緑のアイコンで表示する

緊急時の対応

いざ大災害！ なのにネットが使えない……そんなときの対策を立てておこう

2011年の東日本大震災では電話回線やメールサーバーがパンクするなか、ツイッターが存在感を発揮した。ツイッターはリアルタイムに被害状況を伝え続け、その情報によって多くの人々が助けられた。必要な情報をすばやく探し出すことで人々の不安を和らげ、励ますことができたのだ。デマツイートや過剰な情報の氾濫などという問題も浮き彫りになったが、人と人を結びつけるSNSのメリットが最大限に活用された。しかし、**災害時に必ずインターネットに接続できるとは限らない。**アンテナやサーバーが破損して携帯電話回線が使えない場合もある。そんな状況を想定して、あらかじめ対策を立てておこう。

通信とバッテリーの確保が身を守る

災害時には通信手段の確保が重要になる。通信インフラが使えない場合は、近くのコンビニやNTTドコモやソフトバンクモバイル、auなどの店舗、駅などに行き、「00000JAPAN（ファイブゼロジャパン）」に接続できるか試してみよう。これは**災害時に各通信会社が無償でWi-Fi回線を解放するサービスで、接続にはWi-Fiの一覧から「00000JAPAN」を選択するだけ。パスワードも必要ない。**ただし、緊急連絡用のため暗号化などのセキュリティはかけられていない。災害時とはいえ、個人情報やクレジットカード情報などを送信することは控えたほうがいい。

次に必要なのがバッテリーの確保だ。各自治体で非常時用のコンセントの設置が進められたりしているが、個人でポータブル充電器やソーラー充電器を用意しておくことをオススメする。**災害時には充電器や乾電池はすぐに売り切れてしまう**ことを想定して、普段から電源を確保できるように機器を購入しておこう。

高齢者には、まだまだスマホの操作に馴染みがない人が多く、ツイッターやLINEを使いこなすのは難しいかもしれない。そこで、各通信会社には災害伝言板アプリがあり、ボタンをタップするだけで、音声で安否のメッセージを送信できる機能が用意されている。普段から災害伝言板アプリの操作を確認しておくと心強い。

ネットのワナ

誰もが気になる「無料」の文字その裏にはワナがいっぱい！

インターネットには「無料」があふれているが、これは昔から用心が必要なコンテンツだ。無料をうたっていながら肝心な部分は有料だったり、無料だが広告が頻繁に表示されたりと、無料なりの制約があるからだ。悪質なものになると、詐欺まがいのサービスだったり、ウイルスが仕込まれた商品をダウンロードしてしまったりすることもある。

だが、**注意しなければならない「無料」は誰もが知るサービスにも何気なく潜んでいる。**

「無料試用期間」のワナ

ネットフリックスやフールーのような動画配信サービスのアプリを開くと、「まずは2週間無料でお試し」というようなフレーズが表示される。動画を2週間も無料で見られるのならと個人情報を入力していくと、無料なのにクレジットカード情報を登録する欄がある。

説明には、無料試用期間がすぎると自動的に有料アカウントに移行されるために情報が必要だと書かれている。動画配信サービス以外のさまざまなサービスでもこうした無料試用期間が設けられている。もちろん、無料試用期間中に解約すれば費用は発生しないが、**解約手続きというのは意外に面倒**だということを忘れないようにしたい。

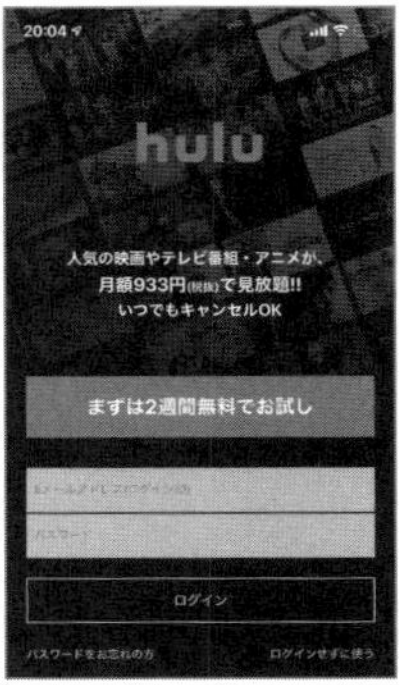

▲無料試用期間はサブスクリプション(定額サービス)の入り口となっている場合がある

ＳＮＳにも危険がいっぱい

２０１８年３月、フェイスブックは性格診断系アプリから５０００万人分の個人情報が流出したと発表した。フェイスブック上の投稿にまじって流れてくる性格診断系アプリをクリックすると、フェイスブックアカウントでのログインが求められる。フェイスブックの関連サービスだろうと思ってログインすると、本人の情報と友だちリストの情報が盗まれてしまう。メジャーなＳＮＳだからといって信用しすぎるのは禁物だ。

ネットのワナ

便利なスマートスピーカー その裏に潜む危険性とは？

近年、注目が集まっているスマートスピーカー。話しかけるだけで音楽を再生したり、ショッピングができたり、家電を操作したりできるなど、生活を効率化できるものとして期待が高まっている。しかし、**ネットにつながっているスマートスピーカーならではの危険性**も指摘されている。どのようなリスクが潜んでいるのだろうか。

誤認による動作を食い止めよう

２０１７年、イギリスでペットのオウムがアマゾンのスマートスピーカー「Ｅｃｈｏ（エコー）」を通して商品をオーダーしてしまうというニュースがあった。これは世界をほっこり和ませるニュースだが、普通の会話やテレビの音声を誤認し、誤作動を起こしてしまうケースも報告されている。つまりスマートスピーカーは、スマートスピーカーに向けて話された言葉と、それ以外の音声を聞きわけることは難しい。
今後、より深刻な事例が発生しないとも限らないため注意が必要だ。

▲音声操作が便利なスマートスピーカーだが、誤認による誤動作やハッキングなどのリスクには注意しておきたい

盗聴・盗撮されるリスクもある

2018年5月、エコーが夫婦の会話を録音し、第三者にメールに添付して送信するという事件が起こった。結果として、エコーが会話を指示と聞き間違えたことが原因だと判明したが、ユーザーが知らないうちに誤動作を起こすというのは非常に不気味だ。

また、すでに修正されたが、エコーは盗聴が可能になるという脆弱性が発見されたこともある。このように、スマートスピーカーは、音声で操作できる魅力的なデバイスだが、**誤動作やハッキング対策にまだ不安が残っている**ことも事実だ。

ネットのワナ

ＩｏＴですべての製品がつながると家や車ごと乗っ取られる!?

最近、「ＩｏＴ（アイオーティ）」という単語を頻繁に聞くようになってきた。ＩｏＴは「Internet of Things」の略で、「モノのインターネット」と訳される。エアコンやテレビ、掃除機、照明などさまざまなモノがインターネットに接続される状態のことだ。

ＩｏＴが実現すると、外出先からエアコンや照明を操作したり、戸締まりやガスの消し忘れを確認したりできるようになる。

ＩｏＴは、モノを探す、電源を切る・入れる、モノを動かす・片づけるといった生活のちょっとしたことを自動化して、家事の大幅な効率アップと時間短縮を可能にする夢のような技術だ。しかし、**いったんＩｏＴのネットワークに侵入されると、そこにつながるすべての機器が悪意のある第三者に操られるというリスクもある。**

ひとつに侵入されると全体に影響する

２０２０年に携帯電話回線が５Ｇに切り替わると、通信が高速・大容量化する。それにつれてＩｏＴも急速に普及していくことが見込まれているが、そうした機器のセキュリティ管理が行き届かなくなる可能性もある。

また、エアコンなど商品寿命の長いものは古いセキュリティシステムを使い続けることになるため、マルウエア（Ｐ24）などにその脆弱性を狙われかねない。**ＩｏＴネットワーク内の機器がひとつでもハッキングされれば、影響は全体におよぶ。**特に自動車や医療機器がハッキングされれば、人命にかかわるような大きな脅威となる可能性があるし、防犯カメラに侵入されればプライバシーを丸裸にされてしまう。

ＩｏＴのインフラ整備はこれから本格化する。法の整備や技術がまだ追いついていない分野なので、成熟するまではリスクに気をつけながら利用していく必要がある。

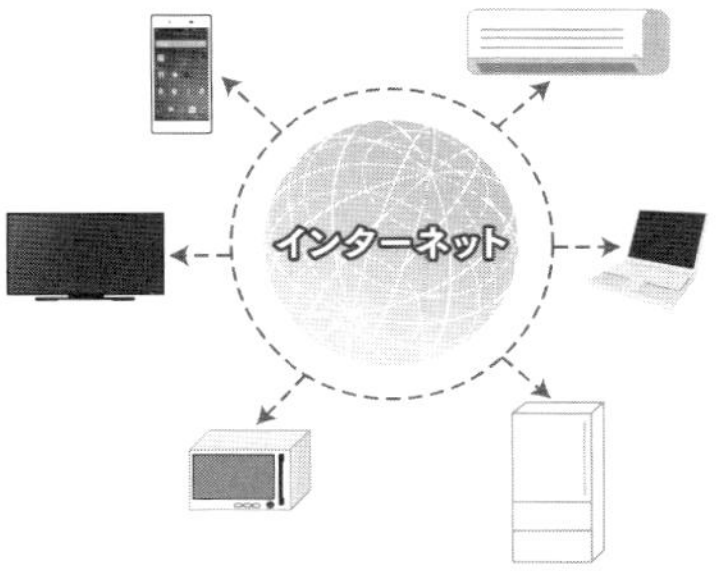

▲インターネットですべてのモノがつながる時代はもう目の前だ

動画コンテンツ

ネットフリックス、フールー、アマゾン 動画配信サービスはどう使うとお得か？

ネットフリックスにフールー、アマゾンプライムなど、動画配信サービスがひしめき合っている。どのサービスにも無料試用期間があり、作品数は８０００本から14万本まで。価格も４００円から１９９０円までとさまざまなので、どれを選べばいいのか迷うだろう。

そこで、ここでは「作品の充実度」「価格」「強いジャンル」の３点に絞って、動画配信サービスを分析してみよう（データはいずれも２０１９年４月時点）。

作品の充実度では「U-NEXT」

とにかく、いつでも見たいものが見られるようにしたい場合は「U-NEXT」がオススメだ。月額１９９０円（税別）は他のサービスと比べて高いが、見放題の動画９万本、レンタル作品５万本、雑誌70誌以上と圧倒的なコンテンツ数を誇る。また、国内外のドラマ

▼主な動画配信サービスの特長

サービス名	見放題動画数	レンタル数	強いジャンル	月額
フールー	50,000	—	洋画	933円(税別)
U-NEXT	90,000	50,000	オールジャンル	1,990円(税別)
dTV	120,000	—	ミュージック・オリジナル	500円(税別)
アマゾンプライム	30,000	30,000	オリジナルコンテンツ	400円(税込)
パラビ	8,000	—	国内ドラマ/バラエティ	925円(税別)
Netflix	100,000	—	オリジナルコンテンツ	800円/1,200円/1,800円(税別)

に洋画、邦画、韓流、アニメと、どのジャンルの作品も充実している点が魅力だ。

また、安くできるだけたくさんの作品を楽しみたいならｄＴＶだ。月額５００円（税別）で、ミュージックビデオやオリジナルドラマ、ライブ動画を中心に12万作品を楽しめる。

アマゾンプライムの見放題動画は３万作品程度だが、アマゾンで買ったものを無料で配達してくれたり、追加料金なしで音楽やストレージサービスなどを利用したりできる。

パラビはＴＢＳ、テレビ東京、ＷＯＷＯＷと提携していて、国内ドラマやバラエティ番組が充実している。また、海外ドラマを楽しみたい人にはフールーを推したい。ダウンロード機能も用意されていてオフラインでも楽しめるのがポイントだ。

ネット社会の危機察知能力とは

この章で紹介したように、フィッシング詐欺やウイルス、ネット依存など、インターネット上の危険はたくさんあるが、それらの危険を恐れてインターネットを利用しないというのはおすすめできない。自動車も危険がいっぱいの乗り物だが、乗りこなすほどに危険回避の能力が上がるように、インターネットも利用するほどに危険回避の勘が働く。

「何かおかしい」と思ったときには、触れずに画面を閉じればいい。このさじ加減を体得するには、まずインターネットを利用して、その利便性を実感する必要がある。経験の蓄積が危機察知能力を向上させるのだ。

ネットを悪用する人がいるのは仕方がない。
それをどう避けるかを考えよう。

2章

メールやクラウドに潜んでいる危険なワナ

添付ファイル

メールに添付されているファイルをみだりに開いてはいけない

2015年5月、日本年金機構から氏名や基礎年金番号、住所、生年月日などの個人情報が125万件も流出した。職員がメールの添付ファイルを開いたことで、コンピュータウイルスに感染したことが原因だ。**特定の組織や企業から情報を盗み取ることを目的とした標的型攻撃メールによるサイバー攻撃**だったが、添付ファイルから同じネットワークの十数台のパソコンにウイルスが拡散され、情報が盗まれた。この事件を受けて、セキュリティ対策の強化はもちろん、「サイバーセキュリティ基本法」「情報処理の促進に関する法律」が改正されることになった。

これは、コンピュータウイルスがいかに危険かを示す代表的な事件だが、けっして特殊な出来事ではない。一般企業や家庭のパソコンでも十分に起こりうることだ。

ウイルスの9割がメールからの流入

ウイルスに感染した場合、最も被害が大きいのは個人情報の漏洩だろう。氏名、住所、電話番号、クレジットカード情報、ネットバンキング情報……などの情報を元に、不正送金や不正購入、なりすましなどの不正行為が行われる。また、ウイルスやワームは自身をコピーし、LANネットワークに潜んで他のパソコンへの被害の拡大させていく。

パソコンがウイルスに感染する経路としては、メール、インターネットへのアクセス、ファイルのダウンロード、LANネットワーク、USBメモリの5つが代表的だ。そのうち、感染の9割を占めるのがメールだ。一度パソコンにウイルスを忍ばせることに成功すれば、あとはLANを伝わって拡散することもできる。ウイルスに備えるには、**セキュリティソフトをインストールし、最新の状態を保ち続けることが大切**だ。そしてメールを経由するウイルスへの一番の対策は、**絶対に添付ファイルを開かない**ということだ。添付ファイルが英語であれば警戒する人も多いだろうが、「必ずお読みください」などの気を引くファイル名をつけてクリックを誘うものも多いので、信頼できる相手からのメールでない限り添付ファイルは開かないようにするのが鉄則だ。

メールアドレス

不要なメールばかりで見づらい！そんなときの「捨てアド」活用のススメ

「捨てアド」という単語を知っているだろうか？　オンラインサービスの会員登録などで、普段使用しているメールアドレスを知られたくない場合に利用する、「捨ててもいいメールアドレス」のことだ。サービスは利用したいけど、これ以上メールマガジンなどが送られてくるのを防ぎたい、迷惑メールやなりすましなどのトラブルに巻き込まれたくないというとき、この捨てアドを使うのだ。

捨てアドをサービスの連絡先として登録することに抵抗がある人がいるかもしれない。

しかし**捨てアドを利用することは、さまざまなリスクを軽減する防衛策でもある**のだ。

捨てアドのメリット

昔は楽しかったツイッター。しかし、今ではフォロワーが増えすぎて、コミュニケーションのバランスをとることに疲れてきてしまった。しがらみから解放されて、気持ちよく続けたい……。こんなときは、捨てアドを使ってツイッターに新しいアカウントを登録するのもひとつの方法だ。既存のフォロワーに知られることなく自由にツイートを楽しめるし、誰にも気兼ねせずにアカウントを削除できる。ちなみに、このようにいつでも捨てられるアカウントのことを、「捨てアカ」や「捨て垢」という。

また、**広告メールやメールマガジンが多すぎると、大切なメールを埋もれさせてしまう。**さらに、不要なメールを削除するのにも時間をとられてしまう。サービスへの登録に捨てアドを利用すると、メールをアカウントで仕分けて処理を効率化できる。

Yahoo！メールやGmailは無料でいくつもメールアドレスを作成でき、多くの人が捨てアドをつくるためにこれらのサービスを利用している。また、最近では**スマホで捨てアドを作成するための専用アプリが配布されている。**個人情報を登録しなくても複数のアドレスを発行できるため、サービスごとにメールアドレスを使い分けることも可能だ。

ただし、不正行為や誹謗中傷など、公序良俗に反する行為のために捨てアドを作成することは絶対にやめよう。

Gmail

Gmailを安全に使うために設定画面で必ず確認すべきこと

今や生活やビジネスで欠かせない存在となっているGmail。初期設定が簡単で、いつでもどこからでも送受信できる。しかも無料だ。GoogleカレンダーやGoogleドライブ(データを保存できるサービス)とも連携でき、スマホとの相性も抜群だ。また、GmailのアドレスはGoogleアカウントのIDとしても使われており、サービスへのログインやショッピングの支払いの際にも活躍する。

これほどまでインターネット生活に深く根差しているがゆえに、Gmailは狙われやすい。**Googleアカウントを乗っ取ることができれば、不正購入やなりすましなどの不正行為が簡単に行える。**もちろん、Gmailにもしっかりしたセキュリティ機能が用意されているが、定期的にあやしい点がないか確認することも必要だ。

Gmailのセキュリティ対策

パスワードは長く、複雑なものにする

不正アクセスの手口は、専用アプリで文字のすべての組み合わせを試してＩＤ（アカウント名）とパスワードを解読し、侵入するケースが多い。そのため、ＩＤやパスワードが短かったり単純だったりすると簡単に解析されてしまう。Gmailのアドレスとログインパスワードは Google アカウントのＩＤとパスワードを兼ねているため、重要度が高い。アルファベットと数字を組み合わせた、できるだけ長く複雑なものを設定しよう。

アカウントの管理はしっかり・パスワードを使い回さない

Gmailのアドレスは複数作成できるため、捨てアドとして利用される（Ｐ66）。オンラインサービスごとに異なるGmailアドレスを登録することで、迷惑メールの着信を分散したり、メインのメールアドレスが知られるのを防いだりすることができる。

ただし、複数のGmailアカウントに同じパスワードを使い回すと、利用中のオンラインサービスをかんたんに乗っ取られてしまう可能性がある。複数のGmailアカウントを持っている場合でも、パスワードは必ず異なるものにしよう。

不用意なGoogleアカウントとの連携に注意

スマホのアプリによっては、Googleとの連携が必要なものがある。たとえば「ポケモンGO」という大人気の位置情報ゲームアプリは、Googleアカウントを利用してログインする。もし連携先が悪意を持っている場合、Googleアカウントの乗っ取りや情報の改ざんなどの危険があるので、**アプリのインストールは慎重に行いたい。**

アプリとGoogleアカウントの連携は、ブラウザのChromeで確認できる。Chromeを起動しGoogleアカウントにログインして、右上の3つの点のアイコンをクリックして[設定]を選択。[ユーザー]にある[Googleアカウントの管理]をクリックし、表示されるページの左側のメニューで

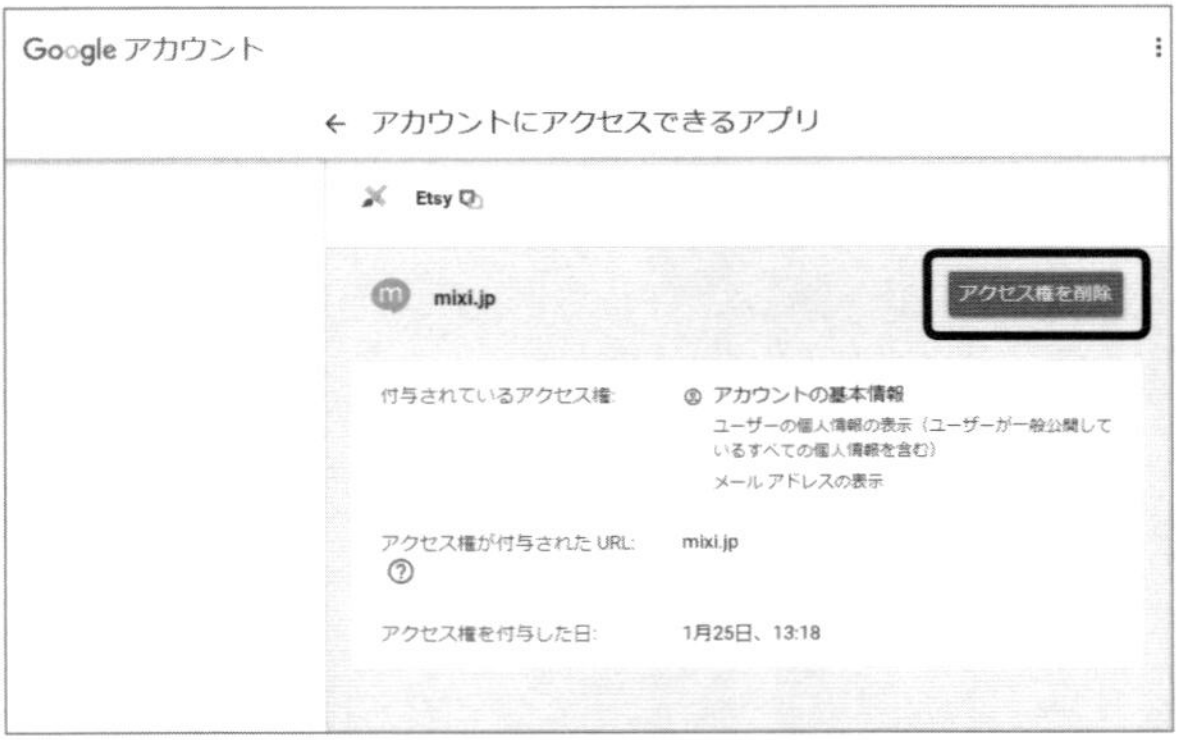

▲使わなくなったアプリとの連携も解除しておいた方が安心だ

「セキュリティ」をクリック。画面下部にある「アカウントにアクセスできるサードパーティアプリ」の「サードパーティによるアクセスを管理」をクリックする。Googleアカウントにアクセスできるアプリの一覧が表示されるので、不要なものを選択して「アクセス権を削除」をクリックすれば連携を解除できる。

アカウントへのアクセス許可に異変はないか

Gmailに「新しい端末でのログイン」といった警告が送られてきたときは、まずGmailアカウントへのアクセス権に異変がないか確認しよう。Gmailアカウントへのアクセス権を確認するには、ウェブブラウザでGmailの画面を表示し、右上の

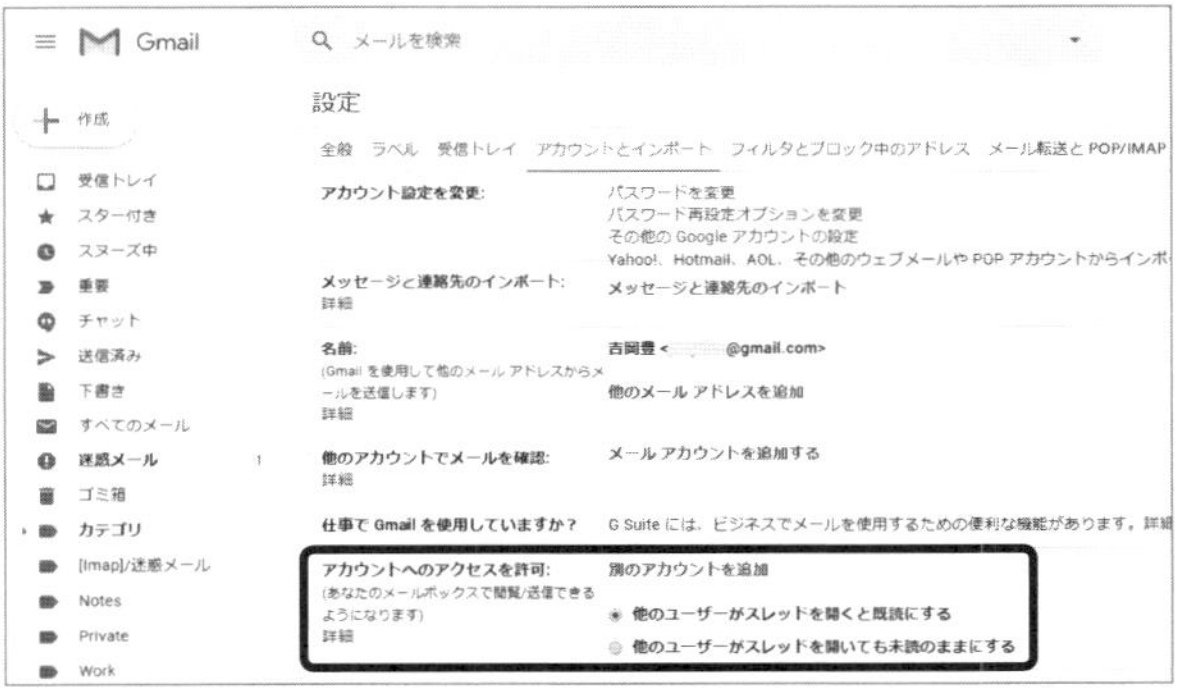

▲[アカウントとインポート]にある[アカウントへのアクセスを許可]で、自分以外のアカウントが追加されていないか確認しよう

歯車のアイコンをクリックして［設定］を選択。上部のメニューで［アカウントとインポート］を選択すると表示される画面で［アカウントへのアクセスを許可］に自分以外のアカウント名が記載されていないか確認する。

2段階認証を設定しておこう

Gmailを不正アクセスから守る最も堅いセキュリティは2段階認証だ。2段階認証とは、ユーザーIDとパスワードの他に、セキュリティコードなどを入力してユーザー本人以外のログインを防止する機能のことだ。Googleアカウントへの2段階認証の場合、アカウントに登録されたスマホの電話番号にショートメールで認証番号を送付し、ログイン画面に認

▲2段階認証を有効にすると、登録した電話番号に送信される認証コードで本人確認を行えるようになる

証番号を入力して本人確認を取る。

Googleアカウントに2段階認証を設定するには、パソコンのブラウザでGoogleアカウントにログインし、右上のアカウントのアイコンをクリックして、「Googleアカウント」をクリック。表示される画面の左にあるメニューで「セキュリティ」をクリックし、次に「Googleへのログイン」にある「2段階認証プロセス」をクリック。表示される画面で「開始」をクリックする。画面の指示に従ってアカウントにログインし、携帯電話の番号と認証コードの取得方法を指定する。

▲2段階認証を有効にすると、登録した電話番号に送信される認証コードで本人確認を行えるようになる

Gmail

大事なメールが迷惑メールに入っていた！恥をかかないためのGmailの設定

くるはずの返信メールがなかなかこないので電話をしてみると、もうとっくに返信したという。恥ずかしい思いをしたあと、迷惑メールフォルダを開いてみると目的のメールが広告メールにまぎれていた……。こんな経験は、誰しも一度はしたことがあるだろう。

Gmailはビジネスにも広く利用されているため、迷惑メールの標的になりやすい。グーグルと迷惑メールとの攻防の末、Gmailのセキュリティはかなり強固なものになっている。そのため、ときどき必要なメールが迷惑メールとして分類されてしまうのだ。ビジネスにおいてはメールひとつが致命傷となることもあるため、解決しておきたい問題だ。

迷惑メールに入らないようにする二つの方法

必要なメールが迷惑メールに分類されてしまう原因のひとつに、相手のメールアドレスが連絡先のリストに載っていないということがある。この点は他のメールソフトでも同じだが、着信メールを振り分ける際には連絡先のリストを検索する。**連絡先のリストをまめに更新しておくと、誤って迷惑メールボックスへ振り分けられることは減る**だろう。

また、迷惑メールではないドメインをフィルタに登録しておけば、ある程度の誤った振り分けに対処できる。フィルタを作成するには、Gmail画面上部にある［メールを検索］の右側にある▼をクリックし、［From］に登録したいドメイン（@を含めたメールアドレスの右半分）を入力して、［フィルタを作成］をクリックする。表示される画面で［迷惑メールにしない］をオンにして、［フィルタを作成］をクリックすれば完了だ。

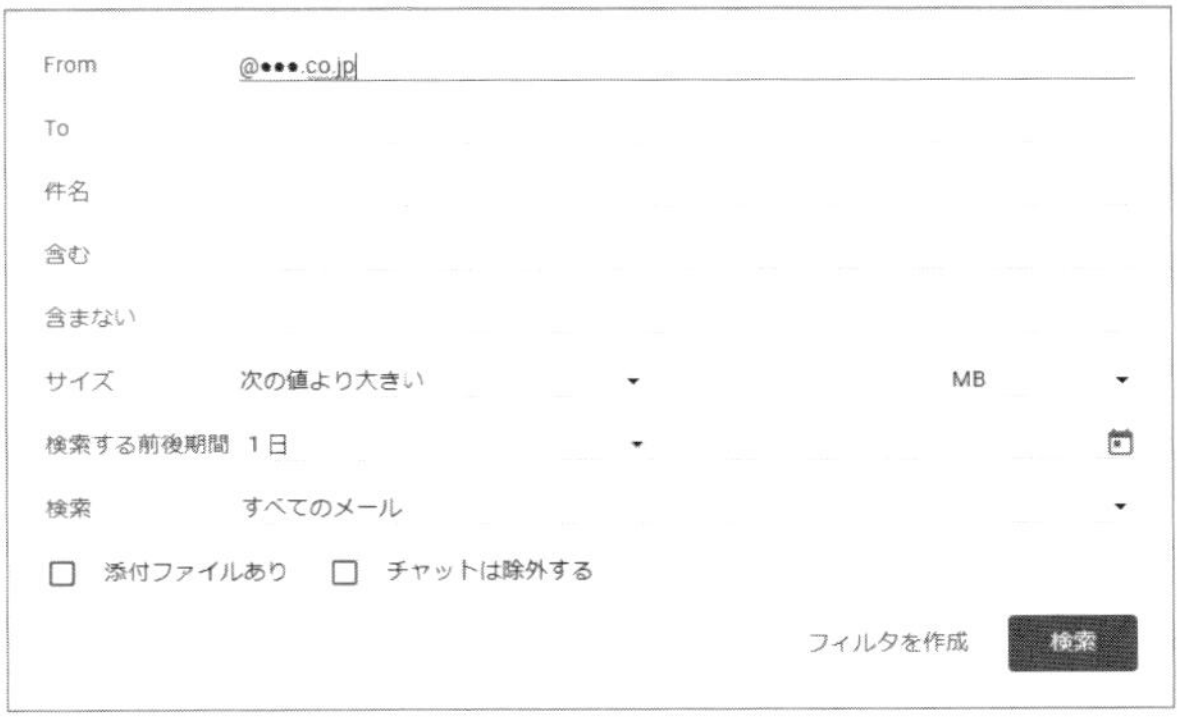

▲ドメインのフィルタへの登録は、検索ボックスを開けば簡単に行える

迷惑メール

送信したメールが「迷惑メール」に入らなくなる4つの方法

セミナーに申し込んだのに、いつまでたっても返事がない。思い切って電話をしてみると、先方で迷惑メールとして処理されていたという……。このように、送信したメールが迷惑メールと認識されると非常に困ってしまう。このような場合は、まずはどんなメールが迷惑メールとして処理されるか、その基準を確認しておいたほうがいい。

迷惑メールとして分類されるメールには、なりすましメール、フィッシング詐欺のメール、サーバーが迷惑メールとして認定したアドレスのメール、内容が空のメール、ブロックした相手からのメールなどがある。これらのメールは次のような特徴や共通点があり、**書き方に注意すれば、迷惑メールに振り分けられる回数も減らせる**だろう。

迷惑メールに分類されないための4つの方法

むやみにウェブサイトのＵＲＬを記載しない

自身のウェブサイトやフェイスブックのページなどがある場合、署名欄にそれらのＵＲＬを書き込みがちだ。しかし、これらが偽サイトへの誘導だと誤認されかねない。メールにＵＲＬを記載するのは最小限にとどめておいたほうがいい。

タイトルや本文は必ず書く

家族や友人にメールする際にやりがちだが、タイトルや本文が空欄のまま送信すると迷惑メールと判定される可能性がある。必ずタイトルと本文の両方を書いてから送信しよう。

テキスト形式で送信しよう

ＨＴＭＬ形式のメールは文字を装飾できるなど見栄えはよくなるが、ウイルスなどを忍ばせられるため受信拒否にしている人も多い。メールは基本的にテキスト形式で送信しよう。

添付ファイルは圧縮する

エクセルファイルや画像ファイルをそのまま添付して送信すると、迷惑メールと判定される可能性がある。添付ファイルは基本的にＺＩＰ形式で圧縮してから添付しよう。また、複数のファイルを送信したい場合は、ひとつのフォルダにまとめてから圧縮し、添付しよう。

迷惑メール

応募してもいないのに「当選通知」がくるわけがない！

迷惑メールは本当に迷惑でしかないが、タイトルだけ見ているとけっこう面白い。「銀行から10万円をあなた宛てに振り込みました」とか、「お願いします……私と、明日結婚してください！」など、ありえない内容のものがほとんどだ。**あまりにもばかばかしくて思わずメールを開いてみたくなるが、それが迷惑メール差し出し人の狙いだ。**

迷惑メールはけっして開いてはいけない。悪質なウイルスやスクリプト（プログラムの一種）が潜んでいる可能性があるからだ。また、メールを開いてしまったとしても、記載されているリンクやURLにアクセスしてはいけない。個人情報が漏洩したり、架空請求詐欺にあったりすることにつながる。とにかく、**迷惑メールは触れずに削除する**ことだ。

迷惑メールのパターンを知っておこう

出会い系・なりすまし系

「元気？　なおこだよ。LINEに連絡ください」など、出会いや性的な内容をほのめかすメールは、出会い系サイトやアダルトサイトへ誘導する迷惑メールだ。

儲け話系

「短時間で高収入」など、儲け話やサイドビジネスを紹介するメールは、紹介料や商材代金、手数料を狙った詐欺の可能性が高い。教材費や試験費用などが請求され、結局、サイドビジネスともいっさい関係がないという悪質なケースも報告されている。

架空請求系

アダルトサイトや出会い系サイトの会員登録料を一方的に請求するのは架空請求メールだ。多くの場合、「少額訴訟」や「損害賠償」といった文言で不安をあおり、連絡させるように誘導する。詐欺なのでけっして連絡してはいけない。

▲おいしい話には必ず裏がある。迷惑メールはすぐに削除しよう

セキュリティソフト

セキュリティソフトは どれを使えばいいのかわからない！

ウインドウズのパソコンには、Windows Defenderというセキュリティソフトがあらかじめインストールされおり、無料でウイルス検知・削除機能やファイアウォール機能が使える。有料のセキュリティソフトの方が高性能のような気もするが、かといって何を選べばいいのかわからない……。このようなユーザーが多いだろう。

市販されているセキュリティソフトは機能の面で大きな差はなく、どれをインストールしてもウイルスや不正アクセスからの脅威に対応できる。しかし、それぞれのソフトには特長があるので、比較して自分に合ったものを選ぶのがいいだろう。

セキュリティ機能を比較する

ウイルス検知・削除機能

セキュリティソフトの基本性能であるウイルスの検知・削除機能とファイアウォールは、どのソフトも機能に大差はない。しかし、最近流行しているランサムウエア（パソコンをロックさせたりする不正プログラム）への対策やネットバンキング保護機能など、最新機能には多少の差がある。「カスペルスキー」が幅広い範囲のセキュリティ機能を備えている。

動作が軽いか

セキュリティソフトは常時パソコンを監視するためメモリを消費しやすく、ときにはパソコンの動作に影響を与える場合がある。パソコンが最新のもので、メモリを十分に搭載していればさほど差を感じることはないが、古いパソコンでは動作への影響が顕著に表れる。動作の軽さでは「ESET（イーセット）」や「ノートン」への評価が高い。

ブランド

日本で最も導入されているセキュリティソフトはトレンドマイクロの「ウイルスバスター」だ。日本のメーカーという安心感と安さが評価されている。世界的に見れば、セキュリティソフトの売上No.1は「ノートン」だ。機能性が高く、さまざまな危機に対応できて心強い。子どものパソコンの利用を監視できる「ノートンファミリー」も心強い。

クラウド

写真や音楽がいつでもどこでも使える「クラウドストレージ」って？

「クラウドストレージサービス」とは、**インターネット上に設置したデータの保存場所をユーザーに貸し出すサービスのこと。**「オンラインストレージサービス」とも呼ばれている。ユーザーはパソコンやスマートフォンからアクセスして、割り振られた保存領域にファイルをアップロードしたり、アップロードされたファイルを閲覧・編集したりできる。

　代表的なクラウドストレージには、アップルのiCloud、グーグルのGoogleドライブ、マ

▲ファイルをクラウドストレージサービスに保存すると、自分のパソコンにファイルを保存しておく必要がなくなる

イクロソフトのOne Drive、ドロップボックス（Dropbox）などがある。

クラウドストレージサービスのメリット
場所を選ばないでファイルを利用できる

クラウドサービスのメリットは、インターネット上にファイルを保存できることだ。インターネットに接続できる環境であれば、どこからでもファイルを閲覧したり、編集したりできる。また、スマートフォンとタブレット端末用のアプリも用意されているので、外出先からスマートフォンやタブレットでクラウドに保存されているファイルを利用できる。

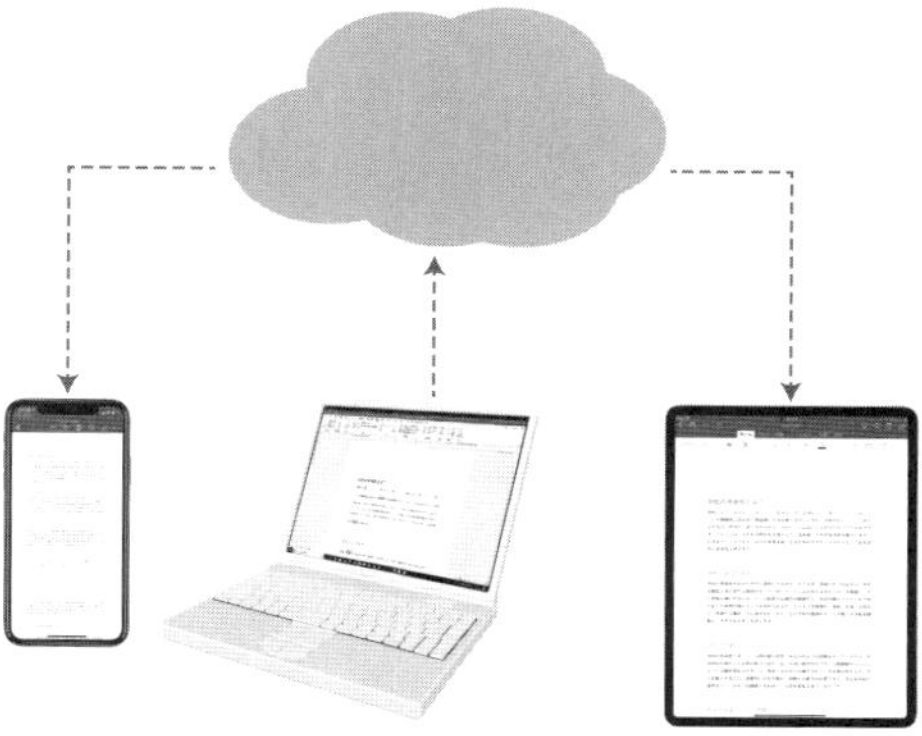

クラウドサービスに保存したファイルを外出先で利用できる！

複数のユーザーと共同作業ができる

クラウドストレージサービスにアップロードされたファイルは、複数のユーザーと共有できる。他のユーザーが自分のファイルを開いたり、編集したりすることができるわけだ。通信環境に問題がなければ、ファイルに対して加えられる修正や変更はすぐに反映されるため、複数のユーザーでひとつのファイルを編集することなどが可能だ。

バックアップを作成できる

クラウドストレージの容量に余裕がある場合は、パソコンにあるファイルのバックアップを作成するのもいいだろう。パソコンが壊れ

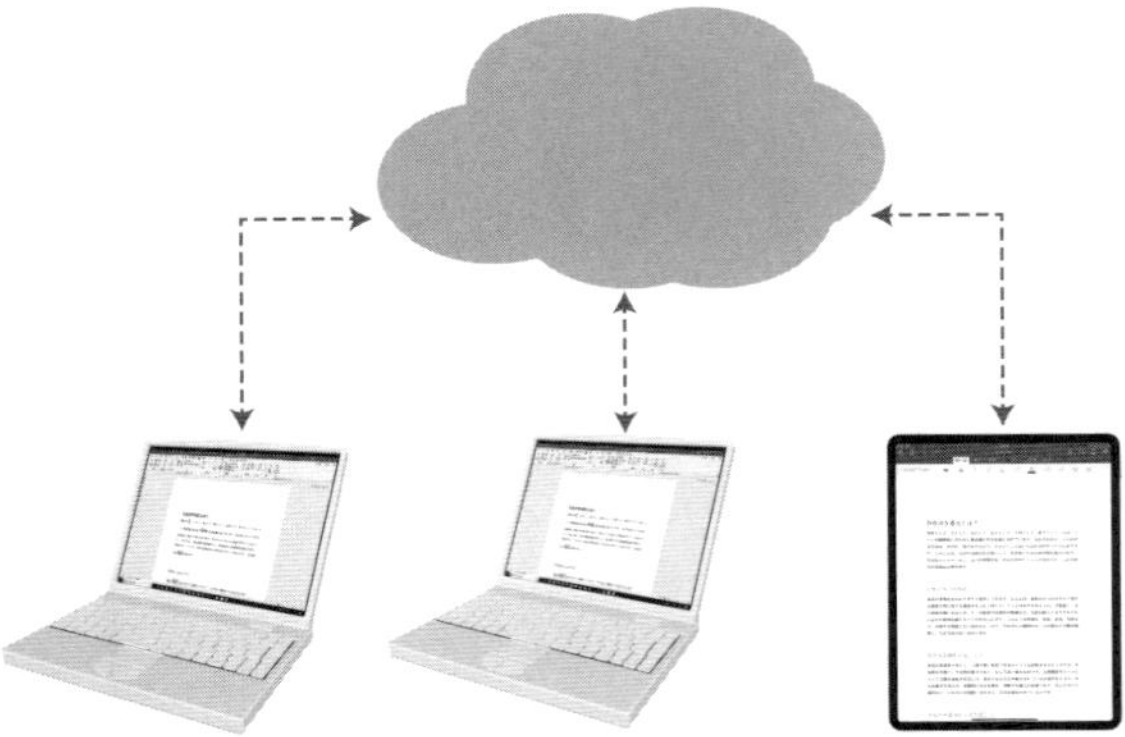

他のユーザーと共同作業ができる

てしまうと、重要なファイルや大切な写真、音楽などが失われてしまう。クラウドにバックアップを作成しておけば、パソコンが壊れたとしても別のパソコンに必要なファイルをダウンロードできて安心だ。

◀パソコンのバックアップ先にクラウドストレージを利用すれば、いざ故障というときに安心だ

クラウド

便利なクラウドストレージに依存しすぎてしまうことのリスク

インターネット上にあることがクラウドストレージの最大の特徴だが、それゆえに起こりうるリスクもある。クラウドストレージを利用する場合は、通信状況やクラウドストレージサービス業者など、**外的要因によって動作や使用方法が左右されることがある**のだ。

クラウドストレージのリスク

インターネットへの接続状況に影響を受ける

クラウドストレージはインターネット上にあるため、インターネットへの接続状況によって作業が左右されてしまう。通信トラブルが起こると、「変更結果がファイルに反映されない」「ファイルが壊れる」「他のユーザーとの共同作業で不整合が生じる」などのトラブルが起こりうる。クラウドストレージ上にあるファイルを変更する場合は、安定した通信環境で行うようにしよう。

情報漏洩などのセキュリティリスクがある

クラウドストレージはインターネット上にあるため、ハッキングやアカウント情報の盗用によって情報の漏洩や改ざんの可能性がある。特にユーザーIDとパスワードが盗まれると、クラウドストレージ上にあるファイルへ自由にアクセスされてしまうため要注意だ。

データ消失の可能性がある

クラウドストレージはセキュリティ態勢をしっかり整えているが、悪意のある第三者に攻撃される可能性もある。クラウドストレージが何らかの理由で利用できなくなった場合、保存しているファイルが失われないとは言いきれない。

インターネットへの接続状況に
作業が左右される

クラウド

クラウドストレージ上のファイル共有で必ず注意しておくべきこと

クラウドストレージに保存されたファイルは同時に複数の場所から閲覧、編集できるので大変便利だ。複数ユーザーが同時に作業することで、作業効率や書類の精度が向上する。一方、クラウドストレージのファイル共有はインターネットを介しているだけに、通信状況や保存のタイムラグなど、いくつか注意しなければならない点がある。次に示す注意点を理解して適切な環境でファイルを共有しよう。

安定したネットワークでファイルを共有する

クラウドストレージを利用する際に最も気をつけなければならないのは、**ネットワークの安定性**だろう。クラウドストレージ上のファイルを閲覧するだけなら特に問題はない。しかしファイルを編集する場合、ネットワークが不安定だとファイルの保存にタイムラグができてしまうことがある。ファイルを保存していない状態で別のユーザーがファイルを編集すると、変更に行き違いができてしまう。クラウドストレージ上のファイルを編集する場合は、くれぐれもネットワーク環境がよいところで行おう。

コミュニケーションを取りながら編集しよう

ワードやエクセルのファイルをOneDrive上で共同編集するような場合、編集内容はいったんパソコン上にあるコピーファイルに保存され、あとからOneDrive上のファイルに反映される。このように、クラウドストレージによっては変更が反映されるまでタイムラグがある。これに悪いネットワーク環境が重なると、さらに変更箇所の反映が遅くなってしまう。クラウドストレージ上のファイルを複数のユーザーで共同作業する場合は、コメント機能やチャットアプリなどでコミュニケーションを取りながら作業しよう。

▲エクセルやワードのファイルはいったんパソコンに保存されてからOneDriveにアップロードされるため、ネットワーク環境によっては多少のタイムラグが生じる

クラウド

「無料」に惑わされない！ クラウドストレージ選びのポイント

アップルのiPhoneを使っている人ならiCloud、仕事でエクセルやワードをよく使う人ならマイクロソフトのOneDriveが便利だといわれる。もちろん、Googleアカウントは万能なのでGoogleドライブは最有力候補だ。結局、どれがいいのかよくわからなくなる。**クラウドストレージを選ぶときは、まず目的から考えよう。**目的がはっきりすれば必要な容量がわかり、費用をかけるにしても納得のいくサービスを選べる。

容量と料金を比較しよう

まずは無料で使える容量だが、OneDriveとiCloudは5GB、Dropboxは2GBだ。写真や動画、ファイルなどをある程度入れるとすぐいっぱいになり、あまり実用的ではない。Googleドライブは15GBと実用に耐える容量だが、Gmailの容量も含まれている。ビジネスで使いたいなら、やはり有料サービスを利用したい。

ビジネスで最も役に立つクラウドストレージは、マイクロソフトのOneDriveだろう。Office 365またはOffice 365 Soloの契約者なら無償で1TB（テラバイト＝1000GB）の容量が割り当てられ、ワードやエクセルにはOneDriveと連動した機能がある。

一般ユーザーが使いやすいクラウドストレージは、Googleドライブ（有料サービスの名称は「Google One」）だろう。月額200円程度で100GB使えるプランもある。

iCloudはiPhoneやマックユーザーに欠かせないクラウドストレージだ。写真やバックアップなどをiCloudに保存し、iPhoneやマックの買い替えでも簡単にデータを移行できる。

Dropboxの有料プランには1TBの「Plusプラン」と2TBの「Professionalプラン」があり、パソコンのハードディスクをDropboxに置き換えたように利用できる。

▼クラウドストレージの容量と価格（2019年4月時点）

クラウドサービス	OneDrive	Google Drive (Google One)	iCloud	Dropbox
運営企業	Microsoft	Google	Apple	Dropbox
無料容量	5GB	15GB	5GB	2GB
有料サービス	50GB (¥249/月) 1TB (Office 365/365 Soloの契約が条件)	100GB (¥250/月) 200GB (¥380/月)	50GB (¥130/月) 200GB (¥400/月) 2TB (¥1,300/月)	1TB (¥12,000/年) 2TB (¥24,000/年)

ファイル転送

データのやりとりに便利なファイル転送サービスでも、無料だけに危険も……

大きなファイルをメールに添付したくても、ファイルサイズが大きすぎるとメールが戻ってきてしまう。そんなときに活躍するのが無料のファイル転送サービスだ。ファイルをファイル転送サービスにアップロードすると、相手にファイルのアップロード先となるURLが送信され、相手がそのURLからファイルをダウンロードするという仕組みだ。

だが、**情報漏洩や誤送信などのリスクもあり、利用には一定の注意が必要**だ。

送信履歴が残らない

無料ファイル転送サービスでは、いつ、誰に、何を送信したという履歴が残らない。だから、メールアドレスに間違いがあっても、送信者は誤送信したことに気づかないのだ。

また、相手にたしかめない限りファイルをダウンロードしたかどうかがわからない。ファイル転送サービスを利用したときは、相手にダウンロードしたかどうか確認しよう。

また2019年1月、「宅ふぁいる便」を狙った不正アクセスでメールアドレスやパスワード、氏名、住所などの顧客情報が480万件流出した。くすぶっていた無料ファイル転送サービスに対する不信感が表面化し、大きな問題となっている。

悪意のある第三者にとって、不特定多数の情報やファイルが集まるこのサービスは宝の山でしかない。無料ファイル転送サービスのリスクを理解し、万が一のとき被害を最小限にとどめられるよう、次の点に気をつけて利用したい。

・機密文書や重要書類は送らない
・ファイルの暗号化やパスワードの設定など、セキュリティの設定ができるサービスを利用する
・送信先にファイル受信の確認をする
・それでも不安な場合は、クラウドストレージサービス（P82）でファイルを共有して送受信する

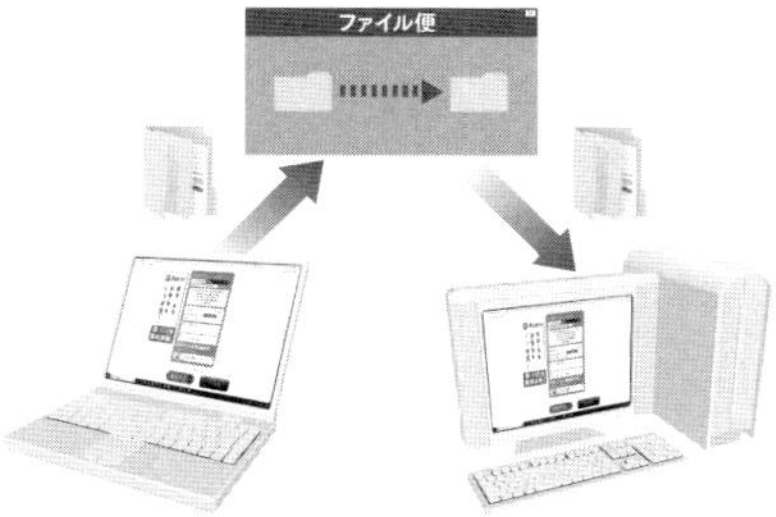

▲無料ファイル転送サービスはリスクを理解して利用しよう

ファイル転送

無料ファイル転送サービスは ここに気をつけて選ぶ！

誰かに大きなファイルを送りたいと考えているなら、**まず誰に何を送りたいのかを確認しよう。**重要なファイルを送信するなら、無料ファイル転送サービスよりクラウドストレージサービス（Ｐ82）の方が安全で確実だ。サイズが軽いファイル（10ＭＢ以下）ならメールへの添付で十分だ。それをふまえたうえで無料ファイル転送サービスを比較しよう。

無料ファイル転送サービスを選択する場合、まず1ファイルあたりの転送容量を確認しよう。「Giga File便」は１００ＧＢまで、「firestorage」は２５０ＭＢまで（有料会員の場合は最大８ＧＢまで）と、サービスによってかなりの差がある。また、アップロードしたファイルがサーバー上に保管される期間は1週間から最長30日間までと違いがある。

おもな無料ファイル転送サービス

FilePost　最大15ファイルを３ＧＢまで送信できるなど実用的だ。一度に３つの宛先に送信できる。また、短期間のクラウドストレージサービスも用意されている。

Giga File 便　転送容量が１００ＧＢと最も大きく、ファイル保存期間も最長30日間と、サイズの大きなファイルを転送したい場合に重宝するサービス。会員登録の必要はなく、パスワードも設定できて安心だ。

firestorage　未登録会員、無料登録会員、ライト会員（有料）、正会員（有料）の４種類のプランがある。有料プランに登録すると、セキュリティや転送速度が高くなったり、ダウンロードを追跡したりできるようになる。

ラスクル Box　オンライン印刷業者のラスクルが運営する無料ファイル転送サービス。無料だが会員登録が必要で、転送容量は２ＧＢと実用的だ。

▼主な無料ファイル転送サービス(2019年４月時点)

無料ファイル転送サービス	FilePost	Giga File便	firestorage	ラスクルBox
運営企業	FilePost	ギガファイル	ロジックファクトリー	ラスクル
転送容量(1ファイル)	3GB(15ファイルまでの合計)	100GB	250MB(無登録/無料会員) 2GB(ライト会員・有料) 8GB(正会員・有料)	2GB
有効期間	7日間	最長30日間	7日間	7日間
パスワードの設定	有	有	有	有
会員登録の有無	無	無	無登録/無料会員/有料会員	有
有料プラン	無	無	ライト会員(1018円/30日・税込) 正会員(2047円/30日・税込)	無

「シャドーIT」にご用心

顧客情報の漏洩や不正送金など、企業が絡んだインターネットの事件は規模が大きい。ウイルスの拡散やサイバー攻撃はたしかに脅威だが、実は企業のネット環境を最も脅かしているのはその企業の社員自身かもしれない。オフィスで個人所有のスマホやIT機器を使用し、活用することを「シャドーIT」という。個々の社員が個人所有の機器を業務で活用することで、企業の管理が行き届かなくなる。その結果、ウイルスの侵入を許したり、ボットネットに組み込まれたりする可能性がある。たとえば、仕事の続きを自宅でしようと顧客管理のファイルをスマホにコピーし、自宅のパソコンで作業をする。この行為自体がすでに情報漏洩だが、このファイルがウイルスに感染すればさらに事態は悪化する。

個人所有の機器を業務に利用すれば効率は上がるかもしれないが、それがオフィスを危険にさらすことになると認識しておこう。

3章 ネットショッピングでダマされないための心得

ショッピング

「商品がいつまでたっても届かない！」安全なネットショップの探し方

アマゾンや楽天市場はたしかに安心だけど、オンラインショッピングは〝お得感〟がないと楽しくない！と、いろいろなサイトから最安値を探す人も多いだろう。世界中のショップから欲しいモノを探して、比較できるのがオンラインショッピングのメリットだ。安くていいモノが買えて、それが手元に届いたときの喜びは何物にも代えがたい。

ただし、なかには「偽サイト（Ｐ14）」や「対応の悪いショップ」もある。**偽サイトは、クレジットカード情報や個人情報の取得を狙っている。**安全だと思い込ませようと巧妙に偽装しているが、支払いを済ませても商品が届かなかったり、不正購入、不正送金などの被害にあったりする。また、悪意はなくても運営がずさんなオンラインショップも相当数あり、商品の発送が遅い、支払い方法が限られている、注文時に商品がないなどのトラブルが多発している。主婦やＯＬ、サラリーマンが副業として運営しているようなショップでこうしたトラブルが多いようで、最終的に気持ちのいい取引にならないことが多い。

悪質なショップから身を守る方法

悪質なショップに出会わないために、次の点をチェックしよう。

- 販売者のプロフィールがしっかり掲載されているか
- 発送や返品に関するルールについて明示があるか
- 個人情報の取り扱い方針が明らかになっているか
- 支払い方法が複数用意されているか
- すべての商品写真が表示されているか
- 商品の説明が丁寧にされているか
- 衣類や靴の場合、サイズや色違いが用意されているか
- メールアドレスの明示または問い合わせ機能が用意されているか
- 運営者のブログやSNSがあればチェックしよう

支払	◆ヤマト運輸代金引換 ・商品と引き換えに配達員に代金をお支払い下さい。 ◆銀行振込 ・お支払いは前払いとなります。ご注文後に送付しますメール 振込先へご入金ください。振込手数料はお客様のご負担 となり
送料	◆送料料金表を参照して下さい。
販売	◆注文の有効期限 ・ご注文を頂いてから14日間 ◆商品以外の費用 ・送料及び代金引換手数料 [当店の表示価格は消費税込みにな ◆商品発送について ・ご注文を頂いてから7日以内に発送いたします。

▲支払い、返品、発送についてのルールを明記しているか、必ず確認しよう

ショッピング

海外のショッピングサイトを利用するとき注意しておきたい4つのポイント

オンラインショッピングの醍醐味のひとつは、日本にいながら海外のショップで買い物ができることだ。日本では手に入らないレアなブランドものやマニア垂涎のお宝など、見ているだけで楽しめる。しかしサイズや梱包など、**海外のショッピングサイトならではの注意点**がある。楽しく利用するために、あらかじめ商習慣の違いやリスクを確認しておこう。

【注意点1】最低限の英語力は必要

海外のオンラインショップと取り引きする場合、「送料は?」「手元に届くまでどれくらいかかる?」「日本の規格と合う?」「消費税は?」など、多くの疑問がわいてくるが、それらを解決しなければオーダーには踏み切れないものだ。そうなると、どうしてもショップに問い合わせる必要があり、最低限の英語力は必要になる。

あまり自信がない場合、海外のオンラインショップで使える例文が掲載されたサイトを知っておくと便利だ。住所や電話番号の書き方から始まり、商品や在庫についての問い合わせ、発送や郵送手段、送料の確認、ときにはクレームやキャンセルの連絡など、例文をコピペして商品名などを変更するだけでメールの文章がつくれてしまう。たとえば、英語の例文が掲載されている「DMM英会話」(https://eikaiwa.dmm.com/blog)が便利だ。

【注意点2】商習慣の違いを理解しよう

海外のオンラインショップで買い物をした人が、「配送期限より3日遅れている」とか、「包装がキレイじゃない」などとクレームをつぶやいていることがある。日本の場合、商品の到着が遅れたり包装が乱れていたりすることは"トラブル"だが、世界では必ずしも同じ感覚ではない。多くの国では、荷物の到着が数日遅れることなど日常茶飯事だし、商品が壊れていなければ包装が少々キレイでなくても問題にはならない。

海外のオンラインショップを利用する場合は、商習慣の違いを楽しむくらいの余裕を持った方がショッピングが充実するだろう。

【注意点3】為替によって価格が変動する

海外のオンラインショップを利用する場合、当然ながら為替の変動が価格に大きく影響する。高額な商品であるほど為替の影響を受けやすいため、必ずショップでの為替レートを確認してから購入しよう。急ぎでない場合は、為替レートが適切な値段になるまで待つというのもひとつの手だ。

なお、多くのグローバルオンラインモールでは、為替レートに基づいた価格を日本円表示しているが、数パーセントの手数料が上乗せされている場合もあるので確認しておこう。

【注意点4】関税や消費税がかかることもある

関税は国内の産業を保護するために課される税金で、輸入する側が負担する。関税の金額が決まるポイントは、「個人目的か商用か」「輸入するモノの合計金額が20万円以下か」「商品の内容、材質、価格」「どの国でつくられたのか」の4つだ。

個人使用で輸入する場合、課税対象価格（海外で販売価格の6割の額）の合計が1万円以内であれば関税と消費税は課されない。商用の場合は海外での卸価格と送料、保険料金、その他の合計が1万円以内であれば関税と消費税は課されない。
また、商品の課税対象価格が20万円以下の場合は「少額輸入貨物の簡易税率」が適用され、比較的軽い関税になる。しかし、商用で課税対象価格が20万円を超える商品を輸入する場合は、素材や商品の種類ごとに定められた関税がかかる。ただし、品目によっては例外もあるため、税関のウェブサイトで詳細を確認しよう。

電球のサイズやコンセントの規格にも注意!

海外のオンラインショップから商品を購入する際、落とし穴になるのが規格の違いだ。規格を確認せずに注文すると、「商品が手元に届いたのでさっそく使おうとしたが、コンセントの規格が違うことに気がついた」とか、「ランプに電球を入れようとしたら、規格が合わない」といったトラブルが起こる。コンセントの形状、電圧、電球のサイズ、衣服や靴のサイズ規格など、国によって異なる規格はあらかじめよく確認してからオーダーしよう。

ショッピング

ネットでクレジットカードを使うとき注意すべきたったひとつのこと

アマゾンや楽天市場などのオンラインモールの利用が広がり、オンラインショッピングではクレジットカードで支払うことが一般的になった。個人が運営するオンラインショップでも、ほとんどのショップでクレジットカード払いが可能になってきている。大手サイトでのクレジットカード払いは基本的に安全といえる状況になってきたが、まったく危険がなくなったわけではない。

クレジットカード払いのメリット・デメリット

クレジットカードを利用するメリットは、注文と同時に決済が完了することと、手元に現金がなくても注文できることだ。代引きのように手数料もかからず、ポイントシステムも用意されているので使うほど得をする。また、クレジットカードの種類にもよるが、商

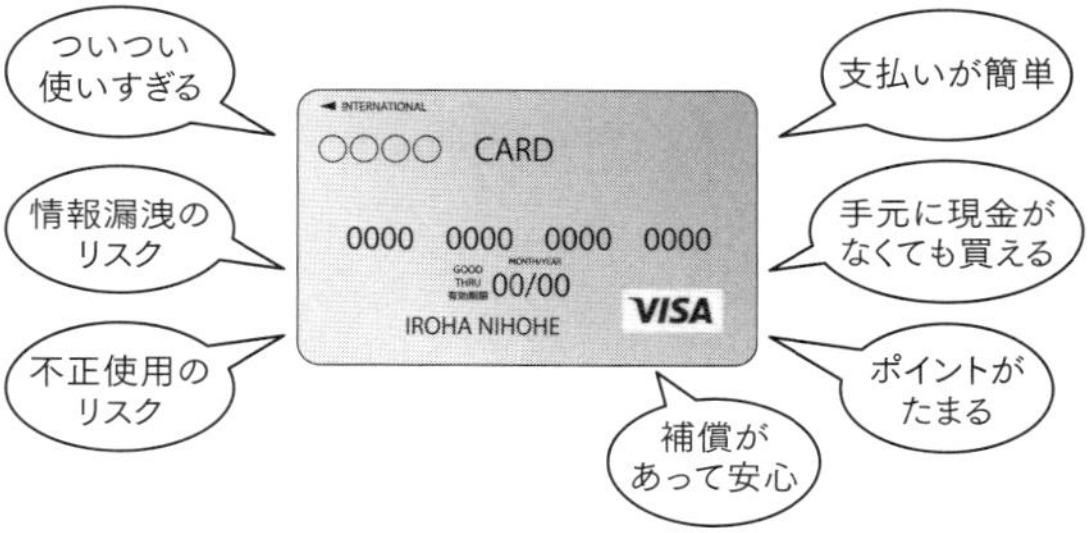

品の破損や盗難への補償サービスがあることは、カード払いをする動機のひとつになる。

一方、**クレジットカード払いの最大のリスクは「使いすぎ」**だ。クリックひとつで購入できてしまう気軽さからついつい買いすぎてしまうと、月末の請求金額を見て後悔することになる。限度額を決めたり、オンライン決済用のプリペイドカードを利用したりするなど、使いすぎないように工夫しよう。

ショップがクレジットカード情報を詐取するというリスクもある。**支払い画面のURLが「https:」から始まっているショップは通信内容が暗号化されているため、クレジットカード情報が漏れることはない。**だが、「http:」で始まるサイトでは情報の安全性が保たれていない。不正使用や不正送金などの被害にあわないよう、クレジットカードで商品を購入する場合は支払い画面のURLを必ず確認しよう。

ショッピング

ネット通販で買っていいもの 絶対に買ってはいけないもの

オンラインショッピングでは何を買うべきで、何を買うべきでないか——。このような議論はよく行われるが、決定的な結論は出ていない。それでも家電や調味料、飲料などはオンラインで買うが、靴や衣服、生鮮食品は買わないという声が多い。

ここでは、オンラインショッピングと相性のいい商品にはどういう傾向があるのか、また相性の悪い商品とその理由を分析してみよう。

［買っていい］どこで買っても品質に変化がないモノ

オンラインショッピングで買うという人が多いモノの特徴として、どこで購入しても品質に変化がないものが挙げられる。どこで購入しても品質に変化がないなら、多少なりとも安い、もしくは価格が店舗と変わらない商品はオンラインショップで購入した方が得だ。このカテゴリに入るものとして家電、ＡＶ製品、文房具、工具などが挙げられる。どこでも売っていて、現物を実店舗で確認できるモノだ。

[買っていい]配達してもらった方がありがたいモノ

オンラインショップで購入することが多いのが重いモノ、サイズの大きいモノなど、配達してもらえるとありがたいモノだ。水やペットボトル飲料、酒、しょうゆ、砂糖などの調味料は、重いうえにある程度の購入頻度があるため、配達してもらった方が助かる。

[買ってはいけない]〝心地〟が大切な要因になっているモノ

オンラインショッピングでは買わないという声が多いのは、靴と衣服だ。共に着心地、履き心地が重要で、試着ができないというのが大きな理由だ。アマゾンなどでは送られてきたものを試着し、気に入らなければ返品できるが、送り返さなければならない点でまどろっこしい。また、ウェブページ上の写真と実物のギャップを感じる人も多いようだ。

[買ってはいけない]直接目で見て確認したいモノ

近年のネットスーパー躍進で、意見が分かれるのが生鮮食品だ。やはり「ナマものは自分の目で確認して買いたい」という人が多いが、「新鮮なまま配達してもらえるなら時間を節約したい」という人も増えてきている。

ショッピング

知識ゼロからオンラインショップを運営することはできるのか？

無料のサービスを利用すれば、誰でも初期投資を抑えてオンラインショップを持つことはできる。ショップさえできれば自動的に商品が売れて、財布が潤うはず……と淡い期待を持っている人が意外に多いかもしれない。しかし、**オンラインショップにはさまざまな落とし穴が隠されていて、結果的に大きな損をすることにもなりかねない。**オンラインショップの運営を考えているなら、あらかじめどんなリスクがあるか確認しておこう。

何を売るの？

フリマで見つけたアンティークをオンラインショップで販売しようと思ったら、まず警察に行って古物商許可証を取りに行かなければならない。これは、誤って盗品が転売されるのを防ぐための対策だ。古物商許可証がないのによそで仕入れたモノを販売すると違法行為になってしまう。このように、オンラインショップで販売するモノの種類によっては、許可証や免許が必要な場合がある。

- **中古品の買い取り** 販売：古物商許可証（警察）
- **食品の販売** 食品衛生法に基づく営業許可（保健所）
- **酒類の販売** 通信販売酒類小売業免許（税務署）
- **健康食品の販売** 医薬品医療機器等法に基づく許可（保健所・都道府県の薬務課）
- **医療品の販売** 薬局開設許可／医療品販売許可／特定販売届出（保健所・都道府県の薬務課）
- **化粧品の販売** 医薬部外品製造販売許可（保健所・都道府県の薬務課）

どうやって集客するのか？

オンラインショップで商品を売るには、商品やショップを検索したときの結果で上位に表示される必要がある。無数にあるショップの中で、検索結果の上位に表示されるのはごく一部。オンラインショップに集客して商品を買ってもらうには、タグを設定したりタイトルに検索されやすいキーワードを含めたりする「SEO対策」（検索エンジン最適化）を地道に行わなければならない。

仕入れ数は大丈夫か？

オンラインショップで物販をする場合、ファイルを配信するような場合でなければ〝仕入れ〟が発生する。当然、在庫が必要となり、販売数とのバランスをとるさじ加減が難しい。もし過剰に仕入れてしまったり、ショップへの集客が予想を大きく下回ったりしたら、在庫を抱えたまま赤字に陥ってしまう可能性が高い。セールなどで値段を下げて在庫を減らせたとしても、いつまでたっても利益が出ない悪循環にはまる場合もある。

スピーディな対応ができるか？

問い合わせや商品の発送など、顧客からのリクエストには早く丁寧に応える必要がある。そうすれば顧客が増え、リピーターになってくれたり、口コミで高い評価を知り合いに伝えてくれたりする。逆に対応が遅くなれば顧客は離れていき、悪評が口コミで駆けめぐることになってしまう。悪いウワサはインターネット上にいつまでも残って影響をおよぼすため、顧客にはできるだけ丁寧に、すばやく対応する必要がある。

信頼できるショッピングカートの設置を

オンラインショップを設立するときには、信頼できるショッピングカートを導入する必要がある。ショップの運営のために売り上げを確実に回収できることはもちろん、顧客が安心してショップを利用でき、評価も上がる。

▲オンラインショップの運営は、片手間でできるほど楽じゃない

アンケート

「ネットアンケートで簡単小づかい稼ぎ」に潜むワナ

最近、副業のひとつとしてアンケートモニターが注目されている。これは、ネット上またはどこかの会場でアンケートや調査に答えてポイントや報酬を得るちょっとした仕事だ。ユーザーはアンケートモニターサイトに登録し、募集中の案件から条件に合ったものを申請してアンケートに答える。するとポイントや報酬が支払われる仕組みになっている。

アンケートモニターのメリット・デメリット

アンケートモニターのメリットは、**特殊な技術や能力が必要なく、空いた時間を活用できる**という点だ。パソコンやスマホで企業からのアンケートに答えるのは5分程度で終えられる。また、試飲や試食、試使用などのアンケートでは、いち早く新製品を試せるためそれだけで得した気分になるというメリットもある。報酬は現金のほか、アマゾンポイントなどのポイントや電子マネーから選択することができる。
報酬の高いアンケートや条件のいいアンケートは抽選になることが多く、必ずいい仕事が回ってくるとは限らない。また、パソコンやスマホで答えるアンケートは報酬が少ないため、多くのアンケートに答えなければ収入と呼べるようなものは得られない。
なお、悪質なアンケートモニターサイトでは個人情報の漏洩があったり、支払いが適切に行われなかったりすることがある。必ずプライバシーマークが表示されたサイトを利用しよう。

モニター商法に要注意！

「モニターになれば商品を安く買える！」とか、「商品を購入してレポートを提出すると、モニター料がもらえて元が取れる」といった文句で勧誘し、商品を売りつけることを「モニター商法」という。実際にはモニター料が支払われなかったり、さらに高い機器を売りつけられたりする。アンケートモニターの仕事では、ユーザーから金銭を徴収することは絶対にない。注意しよう。

アフィリエイト

寝ていても多額の報酬!? アフィリエイトの仕組みを知る

「副業」や「楽に稼げる」などをキーワードに検索すると、必ずといっていいほど目にする「アフィリエイト」という単語。その響きからは、〝専門的〟とか〝難しそう〟といった印象を受けるが、簡単に言うとインターネット上の広告業だ。ユーザーは自分のブログやホームページにアフィリエイトサービスプロバイダ（ASP）と呼ばれる広告代理店が提供する広告を掲載し、その広告から発生した利益の分け前を報酬として受け取るのだ。

ブログに広告を掲載するだけで、訪問者がクリックしてくれれば、あるいは商品を購入してくれれば、寝ていても報酬が入ってくる……。理屈ではその通りなのだが、**やはり寝ているだけでは収入と呼べるほどの報酬は得られない。**詳しく見ていこう。

アフィリエイトを始めるには

アフィリエイトを始めるには、まず、広告を掲載するためのブログやホームページが必要だ。無料のブログサイトを利用するより、自分でサーバーを借りてドメインを取得した方が検索結果の上位に表示されやすい。次に、ＡＳＰに登録して広告主（メーカーなど）に広告掲載を申請する。広告掲載の許諾が下りたら、商品に関する記事を書いて広告を掲載する。

ブログへの訪問者が広告をクリックし、商品を購入したら、広告主はあらかじめ決められた割合の報酬をＡＳＰに支払い、ブログ運営者はＡＳＰから報酬を受け取る。なお多くの場合、最低支払金額が設定されており、月額でその金額を超えた場合に報酬が支払われる。

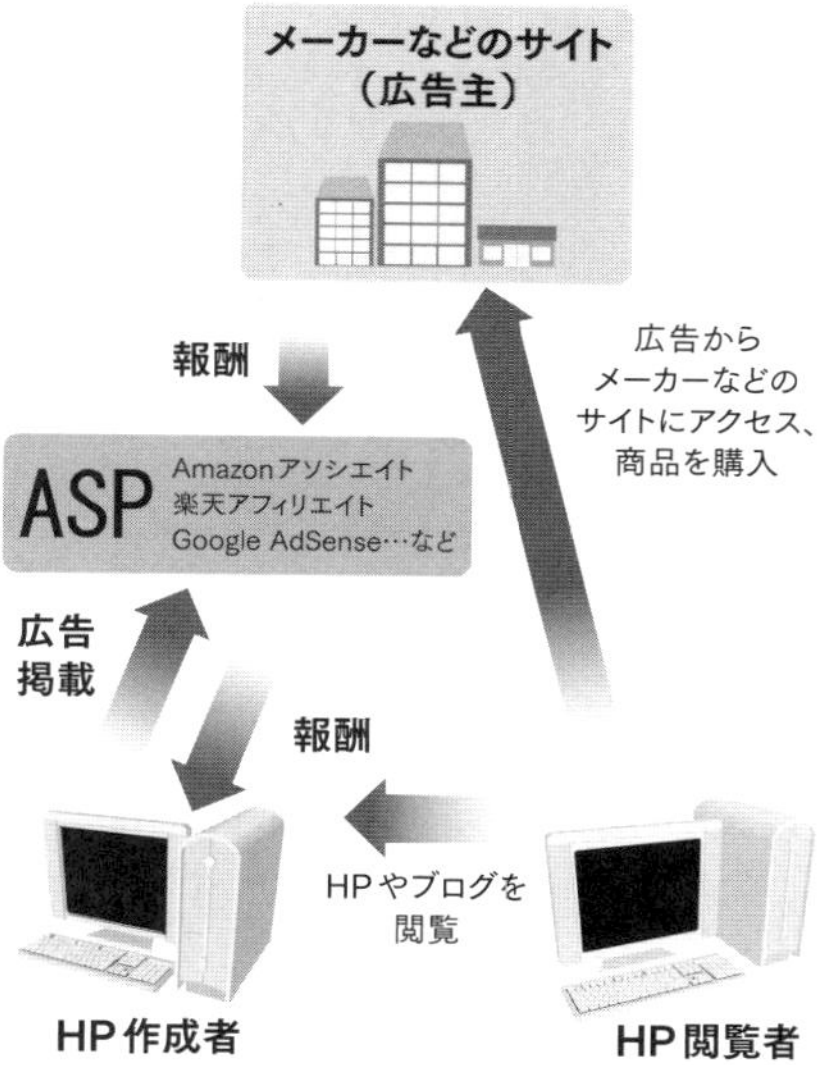

アフィリエイトのタイプを知っておこう

アフィリエイトはウェブサイト上の広告業なので、仕入れたり在庫を抱えたりする必要がない。また、場所と時間を選ばずに作業できるというメリットがある。

しかし、ウェブサイトや商品の人気に報酬が左右されるなど不安定な要素が大きい。**アフィリエイトで収入を得るには、丁寧にウェブサイトを運営して、多くの人が集まるようにしなければならない。**

ひと口にアフィリエイトといっても、取り扱う商品やメディアのタイプ、報酬の対象などによってさまざまな種類があり、それによってウェブサイトの運営方法も異なる。

報酬の対象によるアフィリエイトのタイプ

- **成果報酬型**　訪問者が広告をクリックし、表示されたサイトで商品を購入したり、会員登録したりすると報酬が発生する。多くのASPがこの形式。
- **クリック保証型**　広告がクリックされるたびに報酬が発生。Google AdSense はこれ。
- **インプレッション型**　広告が表示されるたびに報酬が発生。報酬単価が低いためあまり頻繁に行われていない。

商品の分類によるアフィリエイトのタイプ

●物販アフィリエイト　主にオンラインモールが運営するアフィリエイトで、商品の販売が報酬の対象。商品の記事をいかに魅力的にするかで報酬が左右される。

●情報商材アフィリエイト

アフィリエイトの運営方法やユーチューバーになる方法など、情報の販売が報酬の対象。1件当たりの報酬額が高いためブームになったが、詐欺も多いので要注意。

●ユーチューブアフィリエイト

ユーチューブにアップロードした動画に広告を表示させ、その表示回数や再生時間を報酬の対象としているアフィリエイト。つまり、ユーチューバーはアフィリエイトの報酬を収入源として活動している。

1. 計画を立てる
- テーマの決定
- ターゲットの選定
- 取扱商品の選定 ...etc.

2. ブログ・ホームページの作成
- アフィリエイトを前提としたデザインの選定
- 記事の作成
- 広告の掲載位置の決定 ...etc.

3. ASPへの登録・ECサイトとの提携
- ASPへの登録
- 広告の検索
- メーカーサイトとの広告提携 ...etc.

4. ページへの広告の貼り付け
- バナーや商品商品の貼り付け ...etc.

5. レポートの確認・報酬受取
- 売り上げのチェック
- 売上商品の傾向や伸び悩みの原因を分析
- ページの修正 ...etc.

アフィリエイト

自分のサイトに自分でアクセス⁉ アフィリエイトでやってしまいがちな違反行為

「アフィリエイトは広告をクリックすれば報酬がもらえる？　それなら自分でクリックすればいいんじゃない？」と考えるかもしれないが、これはもちろん禁止行為だ。ＡＳＰはそのような行為をすぐ把握できるので、たちまちアカウントが停止されてしまう。

アフィリエイトは、簡単に始められる代わりに運用ルールが厳しく取り決められており、違反者はペナルティを負うことになる。知り合いに不正を頼むことも違反行為だ。悪質な場合はＡＳＰや広告主から損害賠償を請求されることにもなるので要注意だ。

アフィリエイトの主な禁止事項

不正な方法で報酬を稼ごうとすること

・クリック報酬型アフィリエイト（Google アドセンス）で運営者自ら広告をクリックする

・第三者に広告から商品を購入したり、会員登録したりすることを依頼する
・運営者自ら広告を利用して商品を購入する

誇大表現や虚偽表記

・他人の個人情報でアフィリエイトを運営すること
・商品について根拠のない表現やウソで購入に誘導すること
・勝手なランキングづけで購入に誘導すること
・広告を無断で変更・書き換えること

無差別・大量のメールマガジンやコメント

・無差別・大量のメールマガジンでブログや広告へ誘導すること
・他のウェブページにコメントを書き込んで広告へ誘導すること

法に抵触する行為

・他のウェブサイトから写真や文章を無断で転載すること（著作権の侵害）
・人物が写った写真を無断で掲載すること（著作権・肖像権の侵害）
・薬や化粧品などの効き目を根拠なく誇大表記すること（薬事法違反）

アフィリエイト

「誰でもすぐ○○万円儲かる」わけがない！アフィリエイトにはワナがいっぱい

アフィリエイトは、ＡＳＰに登録して自分のウェブサイトやブログに掲載する広告を申請すれば始められる。しかし、広告を掲載しさえすれば生活が潤うほどの報酬が得られるかといえば、それほど甘くはない。訪問者に広告をクリックしてもらったり、商品を購入してもらったり、会員登録してもらったりして初めて報酬が発生する。

つまり、**広告をクリックしたくなるような、魅力的な記事を書かなければ始まらない**のだ。これは誰にでも簡単にできることではない。ウソや誇大表記、他のブログからの無断転載はペナルティの対象だ。地道にいい記事を書くことが報酬アップへの近道となる。

アフィリエイト詐欺に注意

副業について検索していたりすると、「アフィリエイトで月収１００万」「アフィリエイト8カ月で月収60万達成！」といったサイトを見かける。これらの多くは、情報商材アフィリエイト（P117）の広告だ。これは「アフィリエイトで稼ぐノウハウ」や「2カ月で5キロ確実にやせる方法」といった情報自体が商品で、単価が高いのが特徴だ。

しかし、「月200万稼げる」という触れ込みのアフィリエイト教材の多くは、講習を受ける必要があったり、さらに高額な教材を購入させられたりする詐欺まがいのものだ。アフィリエイト詐欺の場合、「あなただけ特別」とか「申し込めば無料特典がついてくる」など言葉巧みに誘導し、初期費用や運営費という名目で金銭を請求されることが多い。

「年収1000万も夢じゃない」といった甘い言葉には必ず裏があると疑ってかかるべきだ。また、「アフィリエイト詐欺を暴く！」というタイトルでありながら、アフィリエイト講座や教材へ誘導する場合もあるので、まずは疑ってみた方がいいだろう。

▲おいしい話には必ず裏がある……ダマされる前に疑おう

「〇〇やってみた」で大炎上!? ユーチューブアフィリエイトの注意点

最近は、小学生のなりたい職業ランキングの上位にユーチューバーが挙がっている。ユーチューバーとは、動画配信サービスのユーチューブで広告収入を得る人のことだ。ユーチューバーには、得意技を披露したり課題にチャレンジしたりする動画を配信するタレントのような人もいれば、レシピやハウツー、ニュースなどの情報を配信する人もいる。

いずれも動画再生時に表示される広告から収入を得ていることから、ユーチューバーはアフィリエイターだともいえる。

しかし、海外のユーチューバーが樹海で遺体を撮影した動画をアップロードするなど、話題性を優先したモラルに反する行為が問題となっている。

これを受けて、ユーチューブは動画収益化の条件を厳格化し、**公序良俗に反する動画には広告を掲載しない**ことを決定した。どのような動画がポリシー違反の対象となるのか、具体的に見てみよう。

広告掲載のポリシーに反している動画

・戦争やテロ、性的虐待、災害、惨事などを取り上げたり、それらを称賛したりする動画
・ドラッグや違法薬物の使用や販売などを取り上げたり、それらの使用を助長・称賛したりする動画
・暴力、痛みを伴う外科手術や美容処置、セクシャルハラスメント、侮辱行為など、身体的、感情的、心理的に重大な傷を与えうるような動画
・個人または集団、人種、民族、宗教、国籍、障がい、年齢、性的指向など、人権を侵害し、差別を助長、誹謗中傷するような動画
・子供が好きなキャラクターやヒーローを使った暴力的、性的、モラルに反するような描写のある動画
・炎上を目的に誹謗中傷したり、視聴者を扇動したりするような動画
・血や暴力、ケガなどのシーンばかりを集めた、残虐性の高い動画

フリマアプリ

もはや誰でもモノを売れる時代 メルカリとヤフオク！の違いは？

「メルカリで売ろうかな」というセリフが普通に出てくるくらい、フリマアプリとして一般的に認知されているメルカリ。一方、機械の部品やマニアが欲しがるレアな一品は、「ヤフオク！で探してみる」となる。共にいらないものを気軽に売れるサービスだが、**その仕組みの違いから、出品されるアイテムもユーザーの傾向も異なる。**

たとえば、メルカリでは使いかけの化粧品でも安ければあっさり売れる。しかし、ヤフオク！では動きが鈍い。逆に、特殊な規格のケーブルなどはヤフオク！の方が注目を浴びやすく入札の確率も高い。メルカリとヤフオク！の違いを知っておけば、アイテムごとにどちらが売りやすいか、どのくらいの値段で売れるかを予測しやすくなる。

両ユーザーの傾向

「メルカリ」とは、株式会社メルカリが運営するオンラインフリーマーケットサービスとそのアプリのことだ。メルカリはスマホから気軽に出品でき、出品者は「こんなものでも売れればハッピー」という〝ゆるい〟スタンスで利用できる。使いかけの化粧品や日用品も普通に出品されている。購入は早い者勝ちのうえ、値段交渉もできる。メルカリユーザーは、普段使いできるものをできるだけ安く買えることにメリットを感じているようだ。

一方の「ヤフオク！」は、Yahoo！JAPANが運営するオンラインオークションサービス。地域限定や期間限定などレア度の高いアイテムや、自動車のメーカー純正部品といった、マニアにとってはお宝となるアイテムなど、付加価値がつきやすい商品が出品されている。出品者はアイテムの付加価値を知ったうえで少しでも高く売りたいし、入札者は多少高額になっても自分が競り落としたい。そこにはちょっとした緊張感すら漂っている。

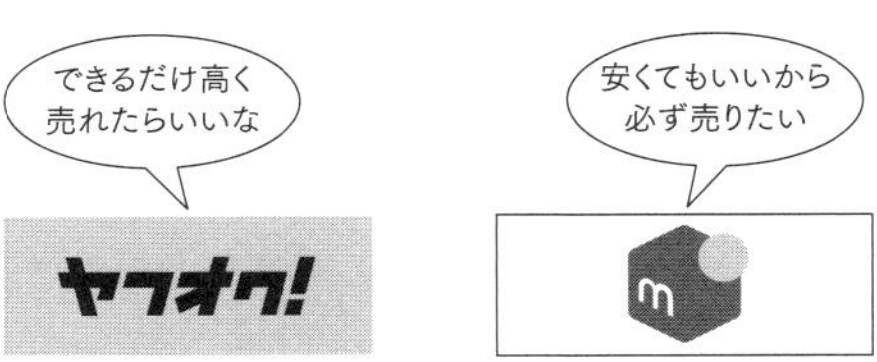
安くてもいいから
必ず売りたい
できるだけ高く
売れたらいいな
ヤフオク!

・フリーマーケット形式
・早い者勝ち
・売れるまで掲載可能
・値下げ交渉可能
・どちらかというと買い手主導

・オークション形式
・より高い金額で入札した人が購入
・期限の設定がある
・落札後の交渉不可
・どちらかというと売り手主導

メルカリ

落札したのに怒られた⁉ メルカリの「独自ルール」に注意

メルカリのよさはフリマのような〝ゆるさ〟だが、それがトラブルを招くこともある。そのひとつが独自ルールだ。メルカリでは値段交渉が可能なこともあり、強気な態度に出たり、失礼に感じられたりする購入者が多く見受けられる。そのため、**スムーズに交渉できるよう販売者自身が「独自ルール」を設定し、販売していることがある。**

メルカリの運営側は独自ルールを設定することを認めていないが、そうした出品者は頻繁に見られるため、事実上黙認されている。独自ルールについて知らないまま商品を購入すると、トラブルになる場合もあるので気をつけたい。ではどのような独自ルールがあるのか。

購入前コメント必要ルール

メルカリでは、出品者の承諾を得ることなく購入手続きを進めることができる。しかし、出品者の中には商品説明に「即購入禁止」や「購入前コメント必要」と記載し、購入前のコメントによる購入確認を求めるユーザーがいる。

これを無視して即購入を実行すると、出品者から低評価をつけられてキャンセルを迫られたり、商品の発送を拒まれたりするため注意が必要だ。

「〇〇様専用」ルール

商品を検索していると、ときどき「〇〇様専用」といった表示を見かける。これは、購入者との値段交渉が成立し、その値段で再出品したものということで、いわば「商品の取り置き」だ。「〇〇様専用」と書かれていても、システム上は購入手続きを進められるが、キャンセルを求められたり、低評価をつけられたりすることもある。**「〇〇様専用」と表示されている商品の落札は避けた方がいいだろう。**

▲独自ルールを知らずに購入手続きをするとトラブルになることがある

メルカリ

小さな傷にクレームをつけられた……メルカリの規則のスキを突いた詐取に注意

メルカリに出品するとき特に気をつけたいのが品物の汚れや傷だ。出品時に、「中古品につき……」程度の説明をするだけで**汚れや傷について言及しておかない場合、あとでしっぺ返しを食うことがある。**また、喫煙環境で使用していたものなど、**においに関する情報も極力商品説明に記載しておくのが賢明だ。**

こんな事例がある。中古のiPhoneを2万円で出品すると即落札された。支払いもすぐに行われ、スムーズに取引できたと思い、商品を発送したが、「記載にない傷があり、変なにおいもする」とのクレームが……。返金するので着払いで返品してほしい旨を伝えると、「傷をごまかして売りつけるその態度が気に食わない。1万円に値引いて誠意を見せてほしい」との返事。どうすればいいのかわからず、メルカリの運営に相談した。すると取引はキャンセルとなり、返品なしで双方に現金を補償するとの結果になった……。

売り上げは補償されたが、先方は無料で品物を手に入れたことになる。このような事例が散見されることから、購入者は初めから商品を無料で手に入れるためにクレームをつけたと考えられる。

横取りによるトラブル

「横取り」とは、値下げ交渉が成立して、交渉相手が確実に購入できるように商品を「○○様専用」と表示を変えたとき、別の第三者がその商品を購入してしまうことだ。メルカリの規則では商品は「早い者勝ち」なので、「○○様専用」と書かれている商品でも、ほしい人が手を挙げればその人に販売しなければならない。

商品を横取りした相手に購入のキャンセルを依頼しても、多くの場合メルカリの規約に違反していないとの回答が来て、商品をすぐに送るよう迫られる。この場合、メルカリの運営に対応を依頼しても規則に違反していないという回答になるだろう。

ヤフオク!

老舗のヤフオク!に忍び寄るワナ規則の弱点を突いた詐欺の手口とは

ヤフオク!は20年以上続いているネットオークションサービスの老舗だ。その歴史は不正やトラブルとの戦いといっても過言ではなく、支払い方法の「Yahoo!かんたん決済」への統一や「取引ナビ」という安全な取引のためのフォーマットの導入など、画期的な機能で大幅に改善されてきた。それでも**不正やトラブルは起こり続けている。**ヤフオク!を利用する場合に、どのような危険があるのか確認しておこう。

出品者の「Yahoo!かんたん決済が使えない」は要警戒

Yahoo!かんたん決済は、ヤフオク!を介して商品の代金を支払うことで取引をスムーズかつ安全に行える決済システムだ。支払いに使う銀行口座やクレジットカード情報を登録すると、相手に銀行口座の情報を知られることなく支払いを行える。また、ヤフオク!が代金の支払いから商品の発送、受け取りまでを管理するため安全に取引できる。

ところが、出品者が「Yahoo! かんたん決済が使えなくなった」とウソをつき、落札者に銀行振り込みでの送金を促して、**入金が確認されたらすぐにYahoo！IDごと削除してしまうという詐欺行為**が頻発している。ヤフオク！では、Yahoo! IDが削除されてしまうと連絡の取りようがなく取り締まることができない。

もし、このような詐欺行為にあってしまったら、損害金額をTポイントで補償する「未着・未入金トラブルお見舞い制度」を利用して、被害を最小限に留めよう。

▲詐欺行為にあっても、「未着・未入金トラブルお見舞い制度」を利用すると被害額が補償される

ヤフオク!

落札のキャンセルや値引き交渉……それ、ルール違反です!

メルカリの影響なのか、最近ヤフオク！で落札のキャンセルを申し出る人や値下げ交渉をする人が増えているという。**ヤフオク！では落札により売買契約が成立するため、落札後のキャンセルはご法度。**また、出品の画面に記載されていることが落札条件であり、オークションの公平性を失わせることから、**落札後に値引きなどを要求することは厳しく禁止されている。**落札者から価格の値引きを求められてもけっして応じないようにしよう。

いたずら入札に注意

ヤフオク！では、商品を落札すると支払いの義務が発生する。そのため一度落札した商品をキャンセルすることは契約違反となるが、落札後のキャンセルが後を絶たない。

これは、同じ商品について複数のオークションに参加し、他で安く手に入れられたためにキャンセルしているようだ。落札者の都合で落札をキャンセルする際は、落札者に「非常に悪い」の評価がつくことを説明しておこう。もし他にも入札者がいるときは、**2番目の入札者を落札者に繰り上げることが可能だ。**

また、落札後に連絡ナビや連絡掲示板で呼びかけても落札者と連絡がとれない場合は、「いたずら入札トラブル申告制度」を利用して救済措置が受けられるよう手続きしよう。

値下げ交渉には応じない！

ヤフオク！では、「値下げ交渉」設定が表示されている場合を除いて、値下げ交渉はYahoo! かんたん決済の仕組み上不可能だ。**交渉に応じない方針を伝えよう。**また、銀行振り込みによる送金を申し出てきた場合は、Yahoo! かんたん決済で「その他」を選択すると銀行振り込みが可能になることを伝えよう。Yahoo! かんたん決済を使わない銀行口座による送金を申し出てきた場合は詐欺の可能性がある。**代金が振り込まれたことを確認してから商品を発送しよう。**

増え続ける写真をどうするか

スマホが普及して気軽に写真を撮れるようになったため、年間数万枚の写真を撮るという人もいるだろう。不要な写真を削除しなければ、スマホの容量はすぐにいっぱいになってしまう。そこで提案したいのがGoogleフォトとAmazon Photosの活用だ。どちらも枚数無制限で写真をアップロードでき、自動アップロード機能も用意されている。また、スマホやパソコンから写真を削除しても、オンライン上では保持できるので安心だ。

Googleフォトの画面

Amazon Photosはプライム会員向けのサービスだが、Googleフォトはアカウントがあれば誰でも無料で利用できる。

4章

身の危険も！
ブログやSNSで必ず注意すべきこと

LINE

知らない人が自分をLINEの友だちリストに追加している!?

LINEの友だちリストにある「知り合いかも?」をタップしてみると、知らない人の名前が並び、「電話番号で友だち追加されました」と表示されている。知らない人が自分の電話番号を知っていることに驚き、恐ろしくなる。しかも、知らない人の友だちリストに追加されているなんて、もしかしてストーカー? 個人情報が漏れてる? 犯罪に巻き込まれる……? などと、悪いことしか思い浮かばない。

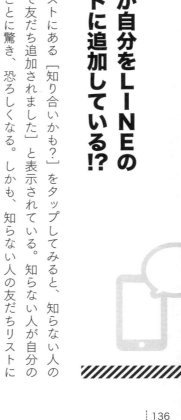

これは、LINEの初期設定で「友だち自動追加」と「友だちへの追加を許可」機能を有効にしていることが原因だ。**LINEは、あなたのアドレス帳とLINEを使っているユーザーのアドレス帳を照合して、マッチしたユーザーを自動的に友だちリストに追加する。**

相手があなたの電話番号を知っていて、あなたのアドレス帳には相手の番号が記載されていない場合に、「知り合いかも?」のリストに追加されるという仕組みだ。知らない人が

［知り合いかも？］に表示されるのは、以前あなたの電話番号を使っていた人物の情報がアドレス帳に残ったままになっていることが原因のことも多い。

勝手に友だちリストに追加されるのを停止したいときは？

知らない人のアドレス帳に勝手に友だちとして追加されるのを停止したいときは、LINEアプリで友だちリストを表示し、上部に表示されている歯車のアイコン（iPhoneは左上、Androidは右上）をタップし、［設定］画面を表示する。メニュー一覧の中ほどにある［友だち］をタップし、表示される画面で［友だちへの追加を許可］をタップしてオフにする。

なお、自分のアドレス帳にあるLINEユーザーを友だち一覧に自動追加されるのを停止したい場合は、同じ画面で［友だち自動追加］をオフにすればいい。

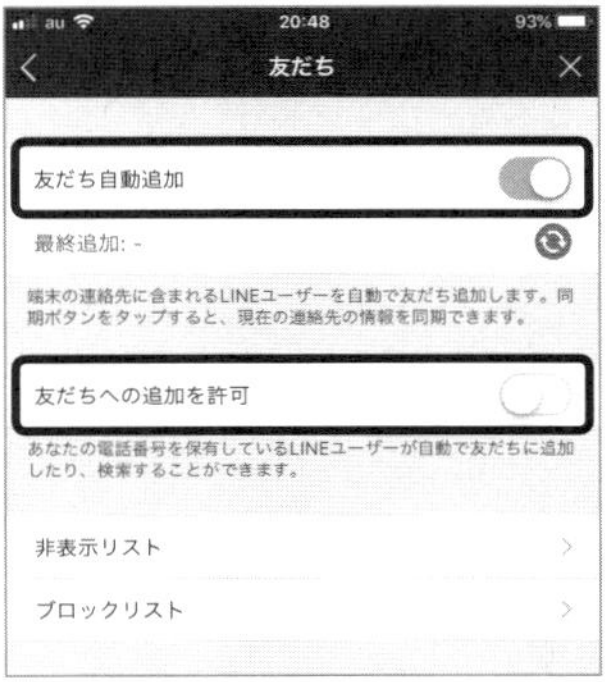

▲［設定］画面で［友だち］画面を表示し、［友だちへの追加を許可］をオフにすると、自分が第三者の友だちリストに追加されなくなる

LINE

「誤爆」や「なりすまし」も⁉ LINEのやってはいけない

2019年4月現在、LINEの国内ユーザー数はすでに7500万人を超えており、もはや通信インフラとしてなくてはならない存在だ。LINEはツイッターやインスタグラムなどとは異なり、特定の相手とのコミュニケーションツールであるため、**他のSNSより関係が親密になりやすい。**

そのため、「LINEいじめ」やストーキングといった危険度の高いトラブルが発生しやすい傾向にある。具体的なトラブルとその注意点を確認していこう。

「既読スルー」や「誤爆」に注意

関係性が親密であるほど大きくなるのが「既読スルー」によるトラブルだ。既読スルーとは、相手に送ったメッセージが開かれている（「既読」が表示されている）のに返事がない状態のこと。急ぎの用事だったり、相手が恋人だったりするときに既読スルーされると、イライラしたり相手を疑ってしまったりする。LINEでのコミュニケーションでは、互いへの思いやりや、適度な距離感が必要になる。

また、LINEで交わされるメッセージはきわめて個人的なものが多く、それだけに送信相手を間違える、いわゆる〝誤爆〟が人間関係をこじらせることもある。しかし、誤爆にすぐに気づけていれば、あわてることはない。**24時間以内なら送信を取り消せる**のだ。

メッセージの送信を取り消すには、目的のメッセージを長押しして、表示されるメニューで［送信取消］をタップすればよい。ただ、相手の画面にも［〇〇がメッセージの送信を取り消しました］という通知は表示される。

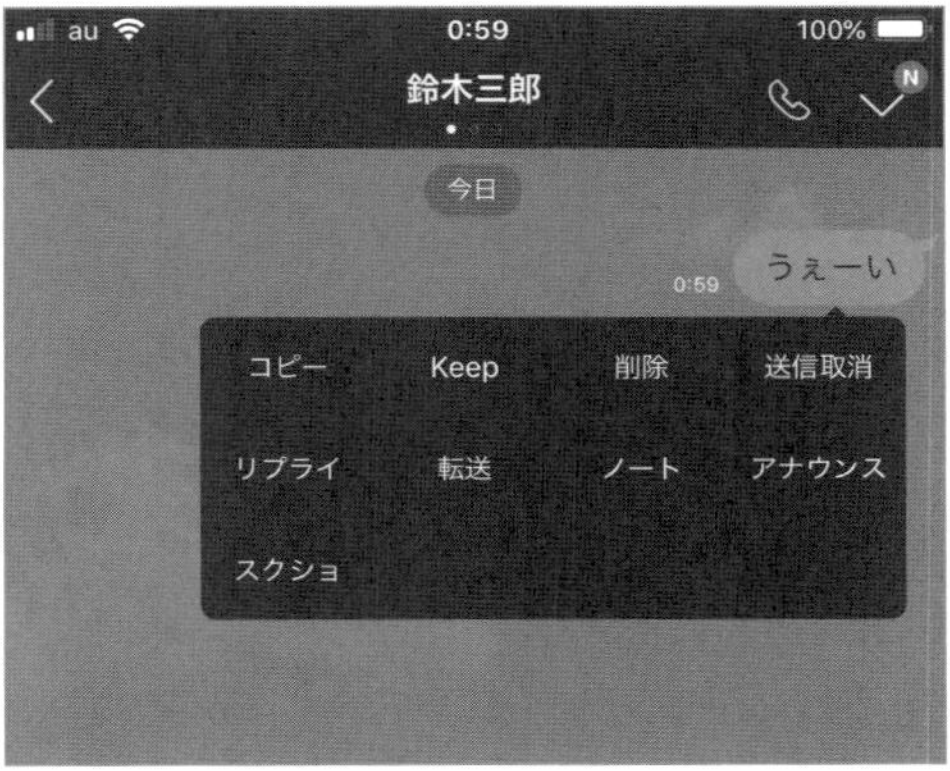

▲［送信取消］をすればメッセージを削除できる

メッセージの盗み読みに注意！

ＬＩＮＥでトラブルになりやすい機能のひとつに「通知」がある。ＬＩＮＥを起動させなくても、誰からどんな内容のメッセージが届いたか確認できるので便利だが、**第三者の目に留まると誤解を生む可能性もある。**特にロック画面上に表示される通知には注意が必要だ。

通知にメッセージの内容を表示させないようにするには、友だちリストの上部に表示されている歯車のアイコンをタップし、［設定］画面で［通知］をタップすると表示される画面で［メッセージ通知の内容表示］をオフにする。

▲［設定］画面で［通知］をタップし、［メッセージ通知の内容表示］をオフにすると、通知にメッセージの内容が表示されなくなる

会話の内容が流出!? パソコンのLINEアプリに注意

パソコンでもLINEを使うためのソフトがあり、自動ログインできる機能がある。この機能が有効だと、**パソコンにログインできさえすれば、第三者が自由にLINEを利用できる。**なりすまして人をダマすことも、会話の内容を撮影することも可能だ。

LINEアプリの自動ログイン機能をオフにするには、パソコンでLINEアプリを起動し、左側にあるアイコン一覧の最下部にある3つの点のアイコンをクリック。［設定］を選択して［基本設定］を選択し、［自動ログイン］をオフにする。

▲[自動ログイン]をオフにして、勝手にアプリを使えないように設定しよう

フェイスブック

プライバシーが丸見え⁉　フェイスブックで起こるトラブルと注意点

フェイスブックがツイッターやLINE、インスタグラムと大きく異なるのは、**実名を登録しなければならない**点だ。逆にいえば、実名で登録されているからこそ相手を信用してコミュニケーションできたり、友だちと再会できたりする。家族やペットの記事を投稿できるのも、知った相手だからという安心があるからだ。その半面、知られたくない人に近況を知られたり、フェイスブック上で関係がこじれて気まずくなったりすることもある。

フェイスブックでは、相手のことを知っているからこそトラブルが起こるわけだ。

上司からの友だち申請に上手く対処する方法

「フェイスブックで会社の上司から友だち申請が届いたらどうする？」というアンケートが採られたことがある。あなただったら、この問いにどう答えるだろう。アンケートの結果では、「監視されているようでイヤだけど、断るとカドが立つ」という意見が多く見られる。上司に見られていると思うと、友だちや同僚との会話でも言葉を選んでしまうだろうし、下手に今いる場所も投稿できない。上司としては親交を深めたい、共通の話題がほしいといった動機なのだろうが、部下としては気を使うばかりだ。

この場合、友だち申請は承認して上司を［制限］リストに追加しよう。［制限］リストとは、「友だち申請は断りづらいが、自分の投稿は見られたくない」という相手のために用意された機能だ。［制限］リストに追加されたメンバーは［公開］で投稿された記事を読むことはできるが、公開範囲が［友達］に設定された記事

▲友達一覧で目的の［友達］ボタンをクリックし、［他のリストに追加］→［制限］を選択すると、その人を［制限］リストに追加できる

は読めない。

ただ、[制限]リストを使うと、上司にフェイスブックの投稿を読まれる心配はなくなるが、会社で同僚とフェイスブックの話題には触れづらくなるという副作用もある。

友だちを[制限]リストに追加するには、フェイスブックで自分の友だちリストを表示し、友だちの名前の右側にある[友達]をクリックし、[他のリストに追加]をクリックして、表示される一覧で[制限]を選択する。

知らない間に写真にタグ付けされたくない!

フェイスブックに投稿された写真にマウスポインタを重ねると、写っている人の名前が表示されることがある。その名前をクリックすると、写真の人物のプロフィールページが表示される。このように、写真に写っている人物の名前を登録し、プロフィールページにリンクさせることを〝タグ付け〟という。写真へのタグ付けは誰でも行え、あなたの名前がタグ付けされた場合は、その写真があなたのタイムラインにも自動的に投稿される。

写真にタグ付けされると、写真を見ている人は写っている人の名前を確認できて便利だ。

しかし、**写真にあなたの名前がタグ付けされることで、あなたがどこで誰と何をしていたかを意図せず伝えることになってしまう。**

勝手に名前をタグ付けされないようにする方法はないが、タグ付けされた写真を自分のタイムラインに表示させない方法はある。フェイスブックの画面上部右側にある▼のアイコンをクリックし「設定」を選択。左側のメニューで「タイムラインとタグ付け」をクリックし、「確認」にある「タイムラインに表示される前に自分がタグ付けされた投稿を確認する」をクリックして、「オン」に切り替えよう。

▲この機能をオンにすると、タグ付けされた写真をあなたのタイムラインに表示するかどうかを確認する画面が表示される

ツイッター

フォロワーがなぜかネットストーカーに⁉ ツイッターで起こるトラブルと注意点

ツイッターは140文字という短いセンテンスで投稿するコミュニケーションツールだ。投稿した記事を〝ツイート〟といい、特に設定しなければ誰でもツイートを読むことができる。**ツイッターの落とし穴は、匿名でツイートできること。**そして、この「ツイートを誰でも読める」とはどういうことなのかを意識せずにツイートしてしまう点にある。

世の中にはいろいろな立場のいろいろな考えの人がいるため、ツイートの内容が常に共感を呼ぶとは限らない。反論されたり、批判されたりすることもあるだろう。

ツイッターで起こりやすいトラブルの例を見ていこう。

ネットストーカーにご用心

ネットストーカーとは、インターネットを利用してしつこくつきまとうストーカーのこと。ネットストーカーの被害者はツイッター利用者であることも多い。「ネットだし、ばれないだろう」という気のゆるみが、ネットストーカーをつくり出すことになるのだ。

リプライ（返信）がきたりフォロワーが増えたりするのが楽しくなって、遊びに行ったときの写真や趣味などについてツイートしていると、突然「つき合ってください」などとダイレクトメッセージが届いた。気味が悪いので断ると態度が一変し、現住所を特定されたり、誹謗中傷されたりするようになった……。

このようなネットストーカーを防ぐには、**まず個人や現住所を特定できるような写真、情報を極力ツイートしないようにすることだ。また、リアルタイムでツイートしていると、現在地を割り出すヒントになってしまったり、留守だということがわかってしまったりする。**ツイートする前に確認することが必要だ。

もし、ネットストーカーの被害にあった場合は、相手をブロックしたり、ツイートの公開範囲を限定したりしよう。それでもつきまといが収まらない場合はツイッターの利用を停止し、家族や警察など第三者に相談しよう。

なんでそんなに憎いの？　ツイッターにあふれる誹謗中傷

ある映画の感想をツイートしたら、知らない人から厳しいリプライが届いた。ちょっと腹が立って反論したところ、反論ツイートに罵詈雑言を添えてリツイート（拡散）され、あっという間に自分への誹謗中傷があふれかえり、個人情報をさらされてしまった……。

誹謗中傷や悪口ほどリツイートするとまわりの反応が早く、さらなる誹謗中傷を呼ぶことになる。**悪質な誹謗中傷は名誉棄損や侮辱に当たり、ツイッターに対して削除依頼することができる。**画面キャプチャを撮影して証拠を保存し、違反行為を報告しよう。

ツイートの公開範囲を限定しよう

ツイッターでのネットストーカーや誹謗中傷を防ぐには、まずツイートの公開範囲を限定しよう。ツイートの公開範囲を「フォロワーにのみ」に限定すると、不用意に他のユーザーを刺激することがなくなる。また、フォロワーはあなたのツイートをリツイートできないため、知らないところで誹謗中傷される心配も低くなる。

ツイートの公開範囲をフォロワーに限定するには、「ツイッター」アプリで自分のアイコンをタップし、表示されるメニューで［設定とプライバシー］をタップ。［プライバシーとセキュリティ］をタップし、［ツイートを非公開にする］をタップしてオンにする。

また、トラブルになった相手をブロックするとフォローが解除され、相手はあなたのツイートを閲覧することも、検索することもできなくなる。ダイレクトメッセージの送信も、写真にあなたをタグ付けすることもできなくなるため、トラブル解決に一定の効果がある。

ただ、**ブロックは相手の感情を逆なでしてしまう可能性がある**ため、状況によっては［ミュート］を設定しよう。相手にミュートを設定すると、フォローを解除することなく相手のツイートを自分のタイムラインで非表示にさせることができる。相手にミュートを設定したことはわからない代わりに、自分宛のダイレクトメールやリプライは届く。

トラブルになった相手をブロックするには、相手のツイートを表示し、右上にある∨をタップすると表示されるメニューで［@（ユーザーネーム）さんをブロック］をタップする。

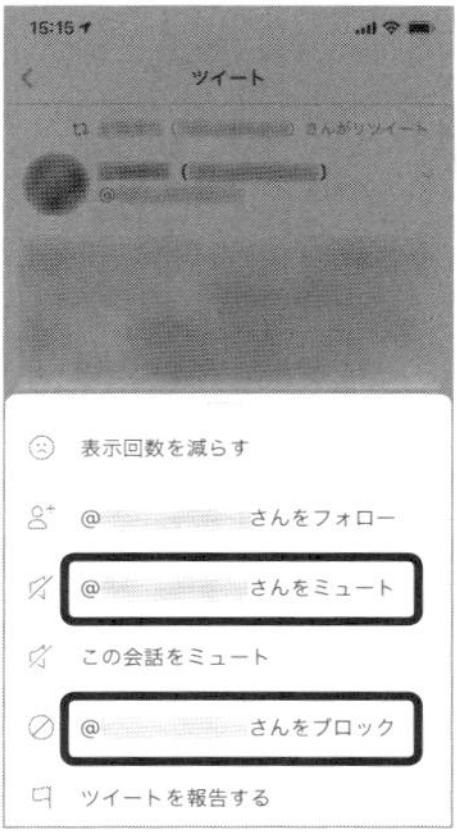

▲右上の∨をタップすると表示されるメニューでは、ブロックやミュートを設定できる

ツイッター

たったひとつのツイートで人生が大きく狂うこともある

2013年の流行語大賞の候補にもなった「バカッター」。ツイッターで注目を集めるために、**反社会的ないたずらや犯罪の動画をツイートする行為およびツイートする人のこと**だ。写真共有アプリのインスタグラム（P152）の場合は「バカスタグラム」という。

2019年2月には、寿司チェーン店のアルバイト男性2人がゴミ箱に捨てた魚の切り身を調理台に戻すという動画をインスタグラムに投稿した。動画は3時間しか公開されていなかったが、あっという間に拡散され〝大炎上〟することになった。この騒動の影響で寿司チェーンの株価は下落。男性2人を解雇し損害賠償を求める訴訟を起こすとしている。

こうした騒動が起こるたびに大きく報道され、騒動を起こした本人たちは解雇されるなどして社会的地位を失う。それでもバカッターが繰り返されるのはなぜなのか？

公開された動画は一生消えない

多くのバカッターは顔や名札を隠さず、悪びれることもなく動画を撮影し、投稿している。バレないと思っているか、バレてもたいしたことにはならないと思っているのだ。動機の多くは仲間にウケたいだけ。その衝動が強いため、ちょっとやってみたくなるのだろう。

ツイッターやインスタグラムなどのアプリには、投稿画面にカメラ機能が用意されている。一連の操作で動画を撮影し、見返すこともなくそのまま投稿できてしまう。動画を見た人がどう感じるか、ほんの少し想像力を働かせれば踏みとどまれるはずだが……。

そして、彼らの多くはインターネットのことがわかっていない。「自分の動画なんて、フォロワーくらいしか見ないだろう」という気持ちで投稿しているのだろう。**投稿された動画は、全世界に向けて公開されている**という意識がないのだ。

しかし、動画の内容が衝撃的であるほど、見た人は他の人にも見せたくなる。いったん拡散が始まった動画はもう止められず、被害者や勤務先、警察や家族も見ることになる。

悪ふざけの動画が投稿されても、関係者全員が悲しい思いをするだけだ。そのことを心に留めて、自分もしくは知り合いがバカッターにならないよう注意しよう。

インスタグラム

知らないうちに自宅がバレている!? インスタグラムで起こるトラブルと注意点

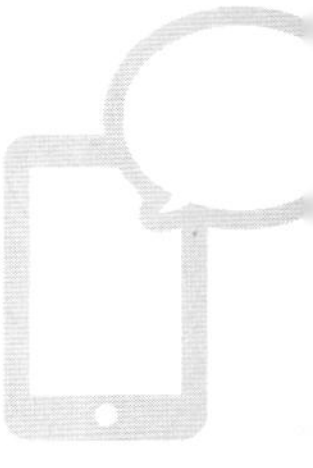

月間アクティブユーザー数ではツイッターを超えたインスタグラム。テキストでこまごまと説明しなくても、写真をかわいく加工して投稿するだけで楽しめるシンプルさが受けて爆発的に利用者が増えた。選択するだけで写真をアーティスティックに加工できるフィルターや、24時間限定で写真や動画を公開できるストーリーなど、投稿する側も見る側も楽しめる機能が用意されている。

しかし、それだけ人気の高いＳＮＳだからこそ危険も潜んでいる。**不用意に人物の写った写真や自宅の近所の動画をアップすると、個人が特定されたり個人情報がさらされたりする危険性がある。**また、自分が撮影した写真や動画が、別の人の作品として盗用される恐れもある。インスタグラムと上手につき合うためにも、画像ＳＮＳならではのメリットとデメリットを知っておこう。

インスタグラムのメリット

　インスタグラムのメリットは、写真がメインのSNSなので、いちいち文章を考えなくてもいいという点だ。写真にひとこと添えて投稿できるが、あくまでの写真がメインで、文章はそのキャプションという位置づけだ。また、インスタグラムでは、写真や動画をフェイスブックやツイッター、ブログなどでシェアすることができ、面倒な投稿操作を一度で済ませることができる。

　投稿にはハッシュタグを設定できて、気に入ったカテゴリの投稿も見つけやすい。そのため、他のユーザーとのコミュニケーションもしやすいというメリットがある。写真へのコメントも平均的に短いものが多く、気を使う必要がないのがありがたい。

▲気軽に投稿できるのがインスタグラムのメリットだ

よりたくさんの人に見てもらうには

インスタグラムは文章で説明する手間がなくていい半面、それなりに写真の見栄えがよくなければ注目されない。そこで、注目を集められる写真、被写体（インスタ映え）が必要になる。フォロワーの期待に応えようとして疲れてしまう人もいる。

また、**インスタグラムには、ツイッターのリツイートのような拡散機能が用意されていない。**自分の作品をより多くの人に見てもらうには、ハッシュタグ（#）を設定し、他のSNSでシェアするか、リポストアプリを使って拡散させるしか方法がない。そのため、インスタグラムへの投稿より、その拡散のための時間が必要になる。

インスタグラムの注意点

インスタグラムでは、写真から個人が特定されることがある。インスタグラムも投稿画面にカメラ機能が用意されているため、一連の流れの中で撮影でき、写真や動画を確認することなく投稿できてしまう。そのため、顔が写っていたり近所の様子が写っていたりすると住所や個人が特定され、ストーカーなどの被害にあう可能性があるのだ。

また、ストーリー（24時間で自動消滅する投稿）を利用して、悪ふざけやわいせつな動画を投稿するユーザーがいる。拡散されないと思い込んでいるのだろうが、動画をダウンロードする方法もあるため、第三者に保存、拡散されると一気に炎上することになる。

第三者による個人の特定や誹謗中傷、作品の盗用などの被害から身を守りたいときは、アカウントを非表示に設定しよう。写真や動画はフォロワーには公開されるが、第三者は閲覧も検索もできない。作品を広く見てもらうことはできなくなるが、安心して投稿し、フォロワーと楽しくコミュニケーションを取ることができる。

インスタグラムのアカウントを非表示にするには、画面下部右端の人物のアイコンをタップしてプロフィール画面を表示し、右上にある3本線のアイコンをタップ。表示されるメニューで最下部の［設定］をタップする。［プライバシー設定とセキュリティ］→［アカウントのプライバシー設定］の順にタップし、［非公開アカウント］をオンにする。

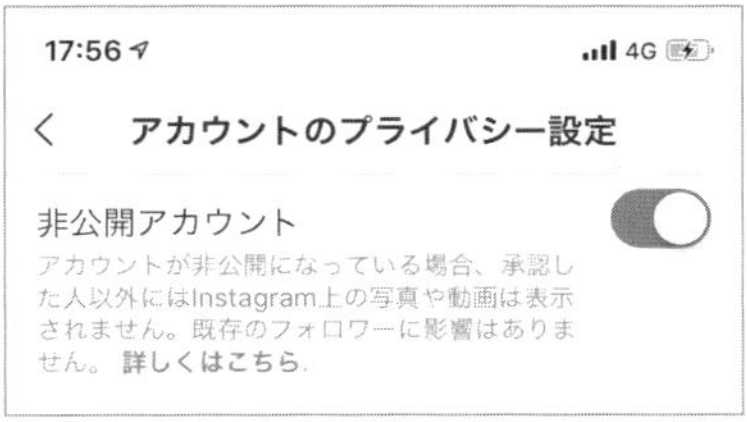
17:56
4G
アカウントのプライバシー設定
非公開アカウント
アカウントが非公開になっている場合、承認した人以外にはInstagram上の写真や動画は表示されません。既存のフォロワーに影響はありません。詳しくはこちら

▲アカウントを非表示にするとユーザーのプライバシーが守られる

ティックトック

〝顔バレ〟〝位置特定〟の可能性も 大流行中のティックトックに潜む危険

ティックトック（TikTok）という、小中高生に大人気のアプリをご存じだろうか？　15秒間のショートビデオSNSで、2017年に日本に上陸すると10代を中心に人気に火がついた。ティックトックアプリに用意されている音楽に合わせてパフォーマンスをする動画を投稿し、動画に対して「いいね」を送ったりコメントしたりして、他のユーザーとコミュニケーションをとる。投稿された動画は他のSNSでシェアしたり、保存したりできる。

場所が特定されてしまうリスク

ティックトックは、アプリが用意した音楽に合わせて同じパフォーマンスする動画がメインだ。同じコンテンツをいかにかわいく、あるいはかっこよく、楽しそうにやって見せるかに力点が置かれていて、コメントもしやすい。動画を加工する機能も用意されていて、かんたんな操作で〝盛る（実際よりよく見せる）〟ことができる。動画の長さも15秒なので、気軽に撮ったり、見たりすることができるのも人気の理由だろう。

ティックトックの主なユーザーは10代半ばから20代だ。しかも、ほとんどのユーザーが顔を出している。15秒という短い時間だし、ダウンロードも制限できるから安心しているのだろうが、少し工夫すれば動画をダウンロードすることは可能だ。顔や写り込んでいる建物などから場所や個人を特定することも不可能ではない。**悪意のある大人がコメント機能を使って言葉巧みに近づいてくることもある**だろう。そのようなリスクを理解したうえで、ティックトックを楽しく利用したい。

▲10〜20代で大流行しているティックトック。動画で楽しくコミュニケーションをとれるが、そのリスクも知っておきたい

iPhone

無料だと思い込んでいると危険！
〝サブスクリプション型〟詐欺アプリ

少し前まで、「アップルのアプリの審査は厳格だから、AppStore（iPhone・iPadアプリのオンラインショップ）は安全」と言われていた。たしかに、インストールしたらウイルスに感染した、なりすましにあったなどという被害はあまり聞かない。

しかし、今AppStoreを席巻している危険なアプリがある。それは、サブスクリプション課

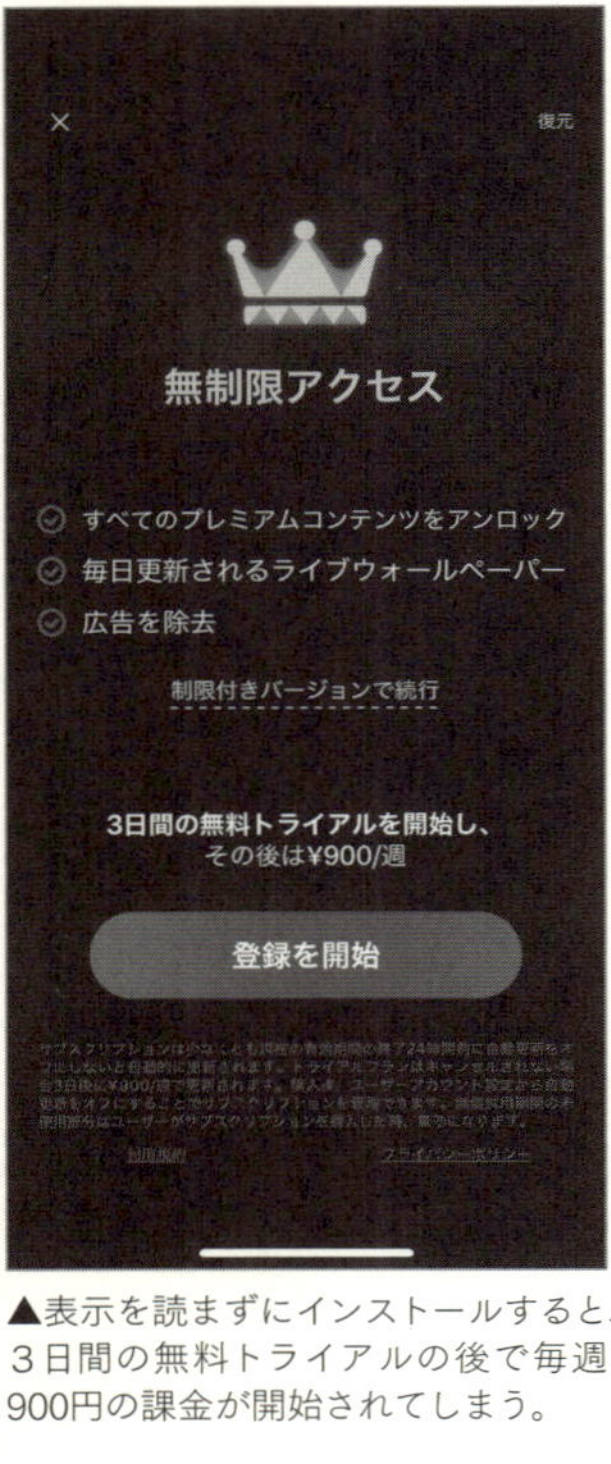

▲表示を読まずにインストールすると、３日間の無料トライアルの後で毎週900円の課金が開始されてしまう。

金アプリだ。インストールしてしまうと、3日間の無料トライアルのあとで自動的に有料に切り替わる。たとえば［ライブ壁紙］アプリの場合、毎週900円の利用料が発生する。

サブスクリプション課金アプリの多くは壁紙や天気予報など、通常なら無料のもので、インストール画面に「3日間の無料トライアルを開始し、その後は¥900／週」などと明記されている。しかし、**無料だろうという思い込みも手伝って、ユーザーはインストール時の表示にあまりしっかり目を通さない。**その盲点を突いた詐欺アプリだといえる。そうしたアプリの広告はフェイスブックやインスタグラムに表示されていて、タップするとAppStoreのダウンロードページに誘導されるので注意が必要だ。

▼サブスクリプション型アプリの一例

アプリ名	ディベロッパ	ジャンル
天気	TinyLab	天気予報
ライブ壁紙	Wallpapers & Keyboards	ダイナミックテーマ
Colorfy: 大人のための塗り絵	Fun Games For Free	エンターテインメント
Guitar Play	Gismart Limited	ミュージック
通話の録音＆ボイスレコーダー−RecMyCalls	BPMobile	ビジネス
おしゃべり・ペット	Pocket Art Studio	エンターテインメント
シークレットアルバム−鍵付きの隠しフォルダーで秘密に保管	BPMobile	写真／ビデオ
算数を簡単に（Math Learner 数学）	Fun Games For Free	教育
翻訳Me−音声翻訳	Neosus UAB	仕事効率化
Spectrum 写真編集者	APPKRAFT	エンターテインメント

Android

人気アプリにあやかった偽アプリ!? Androidの不正アプリは多種多様

グーグルのモバイル用ＯＳであるAndroidは開発コードが公開されているため、Androidスマホのアプリは開発のハードルが低い。その半面、**不正なアプリの開発も容易に行えるので、多種多様な不正アプリが存在する。** また、アプリはGoogle Playストア以外からでもインストールが可能なため、不正アプリを管理しきれていない。Androidユーザーは常にセキュリティ意識を持ってアプリをインストールしなければ、情報漏洩や不正課金などの被害にあいかねない。ここでは、代表的な不正アプリの例を挙げていこう。

アプリの脆弱性が狙われるケース

２０１８年７月、「Timehop」というＳＮＳアプリの脆弱性が狙われ、２１００万人分の個人情報が流出した。そして２０１８年９月には、フェイスブックから５０００万人分の情報が流出している。これらはアプリそのものが悪質というより、その脆弱性が狙われて大量の情報が盗まれた例だ。スマホを利用している以上、情報流出の危険は常につきまとうので、**不正アクセスや悪質なアプリに関するニュースには注意しておこう。**

人気アプリに便乗する偽アプリ

リリース以来人気の高い「ポケモンGO」にあやかって、2016年のリリースから常に偽アプリがリリースされ続けている。偽アプリは本物のアイコンや名前とよく似せてつくられており、インストールすると広告がやたらと表示されたり、別のアプリのインストール画面に誘導されたりする。なかには無断で情報を送信したり、課金されたりするものもある。ユーザーによるレビューや評価を確認し、安全を確認してからインストールしよう。

▲ポケモンGOと紛らわしい[Pokemon Go Guide]アプリ。公式ガイドアプリではなく、別の企業が作成したもので、広告ばかりが表示される

表層ウェブ・深層ウェブ・ダークウェブ

「表層ウェブはインターネットのたった1%にすぎず、残りの99%は深層ウェブにある——」。このような話をすると、世の中の闇は広く深い……なんていう妄想をする人が多いだろうが、それはまったくの間違いである。

まず、それぞれの名前の定義を確認しよう。「表層ウェブ」とはグーグルやヤフー！などの検索エンジンが情報収集し、表示することが可能なサイトのことだ。それ対する「深層ウェブ」は、検索結果に検出されないウェブサイトのこと。ログインが必要なメールボックスや掲示板、ネットショップの決済画面なども含まれる。この定義に当てはめると、たしかに99%は深層ウェブにあるといえる。

危険なインターネットのイメージに合致するのは「ダークウェブ」だ。これは一般的なインターネットとは隔離された場所にあり、通常のブラウザではアクセスできない。そこでは麻薬や武器、クレジットカード情報など、違法な取引が堂々と行われている。

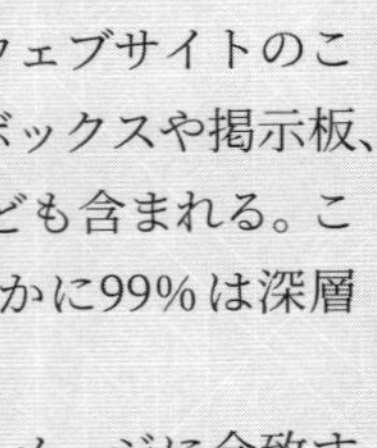

5章

ネットで犯罪行為をしない、されないための注意点

ネットの著作権

画面を撮影するだけで違法？ 新しい著作権法はどんな内容か

2019年1月1日から新しい著作権法が施行された。この改正により、これまで50年だった著作権の期限が70年まで延長されたり、**著作権の一部が非親告罪化になったり**するなど大きく変更された。当初は「パロディや二次創作もダメ」「スクリーンショットもダメ」との情報が出ていたため、ネット界隈に動揺が走った。

非親告罪化による二次創作への影響は？

改正著作権法では、「対価を得る目的または権利者の利益を害する目的があること」「有償著作物等について原作のまま譲渡・公衆送信または複製を行うものであること」「有償著作物等の提供・提示により得ることが見込まれる権利者の利益が不当に害されること」の3点を満たす場合は、原作者の申告がなくても逮捕、起訴できるようになる（非親告罪化）。

つまり、マンガをスキャンしてPDF化したものをウェブサイトで公開したり、映画や音楽などの海賊版をインターネットで配信したりすると、著作権侵害で捕まることになる。

しかし、パロディや同人誌などは原作をベースにしているものの、「原作のまま」ではないため上記の条件には当てはまらない。原作者が訴えない限り罰せられることはないわけだ。ただし親告罪なので、**原作者が訴えれば罪に問われることもある。**

スクリーンショットは大丈夫？

改正著作権法では、著作権者の許可なくインターネットにアップロードされたと知りながら漫画や写真、小説などの作品をダウンロードすることを違法とする方針を決定していた。しかし、この法案が可決されると、スマホのスクリーンショットも撮影できず、ブログの写真すらダウンロードできなくなる。「インターネット利用を委縮させる」との異論が噴出し、法案の提出は見送られた。そのため、スクリーンショットの撮影や写真やPDFなどのファイルのダウンロードは、２０１９年４月現在は違法ではない。

ネットの著作権

その動画、公開して大丈夫？加害者になりかねないユーチューブのワナ

あまり意識されていないが、ユーチューブにアップする動画には、著作権や肖像権などさまざまな制限事項がある。たとえば街で動画を撮影するとどうしても通行人が写りこんでしまうが、これも厳密には肖像権の侵害だ。また、背後でBGMが流れていれば、これも著作権侵害に当たり、その侵害の程度がひどい場合には逮捕もありうる。ユーチューブに動画をアップロードするに当たり、どのような行為が違反になるのかを確認しておこう。

著作権侵害に当たるケース

著作権侵害でもっとも問題視されているのは、録画されたテレビ番組や映画の海賊版などがアップロードされているケースだ。ユーチューブでは著作権侵害について明確に禁止しているが、番組をアップロードするユーザーが後を絶たず、取り締まれていないのが現状だ。

しかし**改正著作権法では著作権者の申告がなくても、番組を録画したものをアップロードするだけで逮捕できるようになった。**当然のことだが、違法な動画アップロードをしてはいけない。

次に気をつけたいのがBGMの写りこみだ。結婚式やイベントなどの動画をアップロードした場合、BGMが流れていれば著作権侵害にあたり、ユーチューブから通知を受ける場合がある。このときはすみやかに動画を削除するしかない。

また、「歌ってみた動画」などの場合、CDに収録されているカラオケバージョンを流しながら歌うと著作権侵害に当たる可能性がある。しかし、カラオケ店でカラオケを歌う場合は、カラオケ店が著作権管理団体のJASRACに著作権使用料を支払っているため問題ない。

ダンスにも注意が必要だ。一時期、TVドラマ

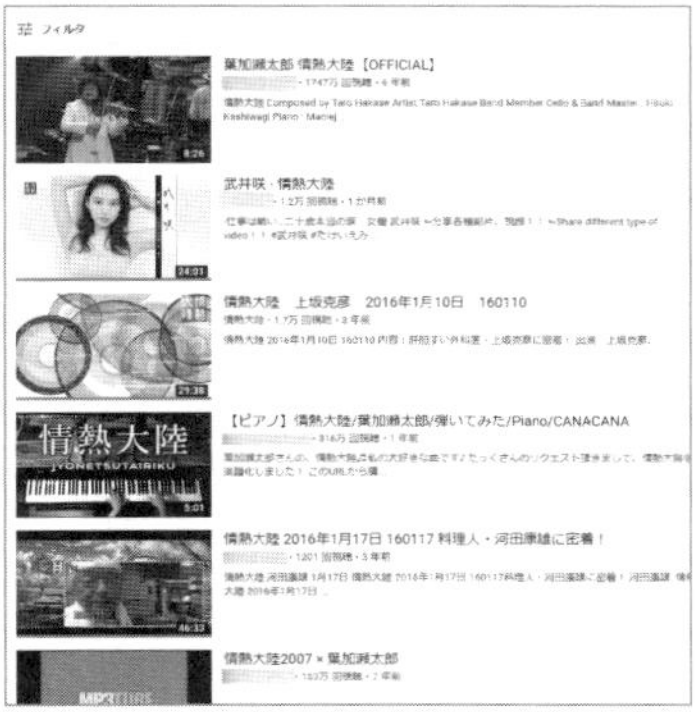

▲ユーチューブ上には、いまだにTV番組や映画の海賊版のアップロードが絶えない

の主題歌に合わせてダンスを踊る動画がユーチューブ上を席巻したが、ダンスにも著作権がある。そのため、「〇〇を踊ってみた」動画は、ダンスの振りつけと音楽の2点で著作権侵害の可能性があるわけだ。

プライバシー権・肖像権の侵害に当たるケースも

プライバシー権とはみだりに私生活に関する事実を公表されない権利のことで、肖像権は、みだりに自己の容貌等を撮影され、これを公表されない権利だ。たとえば、電車の中で大きく足を広げて座っている学生がいる。それをスマホで撮影して、ユーチューブに「迷惑行為　足を広げて座るバカ」というタイトルでアップロードしたとする。

それが話題となったため、当事者の学生が見て動画の削除を申請した。この場合、学生の私生活を公表する必要性はなく、学生自身がそれを望んでいるわけでもないため、プライバシー権の侵害が認められる。また、無断で学生の写真が公表されたことで肖像権の侵害と認められたうえ、「バカ」と侮辱していることから名誉棄損の可能性もある。

つまり、**勝手に人物を撮影した動画や写真はプライバシー権と肖像権を侵害してしまう**

可能性をはらんでいる。

動画の再生回数を稼ぎたいばかりに……

無謀な行為に及ぶ様子を撮影した、いわゆる「チャレンジ動画」がユーチューブで流行した。身体に火をつける「ファイヤーチャレンジ」動画などは再生回数も多い。

いたずら程度ならおもしろいで済むが、ときどき法に触れる行為に至ることがある。2018年、アメリカの映画「バードボックス」の主人公をまねて、目隠しをしたまま自動車を運転したり、外出したりする動画が頻繁にアップされ社会問題となった。

そこで、ユーチューブはコミュニティガイドラインを変更し、**誰かに害を及ぼしたり、危険な目にあわせたりする動画は排除することにした。**

日本でも、ファミリーレストランで全メニューを注文して食べ残したり、通行人に胸を触らせたりするなどの迷惑動画が多数アップされている。このような迷惑動画は営業妨害や脅迫、傷害など、法に抵触するものもあり、逮捕者も出ている。動画は、くれぐれも他の人を不快な思いにさせないものを撮影しよう。

ネットの著作権

そのダウンロード、違法かも……ユーチューブの動画の扱いに注意

「オフラインでも楽しめる」とか「再生中に止まることなく楽しめるから」というのが、ユーチューブやニコニコ動画などから動画をダウンロードする理由だ。そんなニーズに合わせて、ユーチューブなどの動画をダウンロードして、ＭＰ４などのファイルに変換、保存できるサイトやアプリが流行している。

しかし、**動画の内容によってはダウンロードが違法になることもある。**

動画のダウンロードに関するルールを理解しよう

映画館などでは「No More 映画泥棒」などと海賊版廃絶のキャンペーンをしているため、動画のダウンロードはすべて禁止されているというイメージだが、実はそうではない。私的利用のための複製であれば、すべての著作物は著作権の例外として認められている。

つまり、動画のダウンロードも私的利用目的なら合法であり、ユーチューバーがアップロードしたオリジナル動画を私的利用目的でダウンロードしても違法にはならない。しかし、**テレビ番組や映画など、著作権を侵害したアップロード動画をダウンロードすることは、私的利用であっても違法となる。**

動画の違法ダウンロードは親告罪だったためこれまで逮捕者もほとんどいなかったが、２０１９年１月の著作権法改正で違法アップロードが非親告罪になったことから、違法動画のアップロードは排除されていくことになるだろう。

なお、ユーチューブでは利用規約の5-Bで「YouTubeにより表示されている場合を除き、いかなる本コンテンツもダウンロードしてはなりません」とし、**基本的にすべての動画のダウンロードを禁じている。**

▲動画ダウンロードサービスが数多くあるが、取り締まりの対象になる可能性もある

起こりうる犯罪

わいせつ動画・画像を「求める」「送る」「見せる」はアウト

インターネット上で起こるトラブルの多くは性的な要素が関係している。アダルト動画サイトを利用した架空請求や出会い系サイトのトラブル、児童ポルノにAirDrop痴漢、リベンジポルノ、LINEでの買春など枚挙にいとまがない。そして、**1枚のわいせつな画像が人生を大きく狂わせる可能性もある**ことを知っておこう。

わいせつ画像の公開や送付は違法行為

最近話題の「AirDrop痴漢」とは、iPhoneのAirDropというファイル共有機能を利用して、わいせつ画像を無断で送信する痴漢行為。AirDropを利用すると、9メートル圏内にいるAirDropでのファイル受け取りを有効にしているiPhoneユーザーに直接ファイルを送信できる。この機能を悪用して、わいせつな画像を一方的に送りつけるのだ。

「わいせつ物頒布」は、わいせつな内容が書かれた文章や画像などを公開したり送りつけたりする行為で、刑法第175条で禁止されている。性的な画像をツイッターなどのSNSで公開したり、不特定多数の人物にメールでわいせつな画像を送信したりする場合だ。AirDrop痴漢もわいせつ物頒布で、2年以下の懲役または250万円以下の罰金が科せられる。

なお、公開・送付した写真が18歳未満のわいせつ画像の場合は「児童ポルノ公然陳列罪」に該当し、5年以下の懲役または500万円以下の罰金が科せられる。

次に説明するが、復讐目的で私的なわいせつ画像が公開された場合はリベンジポルノと認められ、「リベンジポルノ防止法」に違反することになる。

▲AirDropを利用すると、他のiPhoneに写真や動画を一方的に送信できる

🔒卑劣なリベンジポルノは自分の人生をも崩壊させる

「リベンジポルノ」とは、離婚したパートナーや元交際相手が復讐を目的に私的で性的な写真や動画を無断でネット上に公開することだ。復縁を拒まれたり、相手の浮気を恨んだりして、その仕返しとして行われることが多い。**性的な写真や動画がネット上に公開されるとその多くが広く拡散され、事実上削除できないため深刻な社会問題となった。**

２０１４年にはリベンジポルノ防止法が制定され、私的で性的な写真や動画などを無断で公表したり、そのような写真や動画を公表する目的で他者に無断提供したりすることが禁じられた。公表罪の場合は３年以下の懲役または50万円以下の罰金、提供罪の場合、１年以下の懲役または30万円以下の罰金が科せられる。

リベンジポルノを実行すると、リベンジポルノ防止法だけでなく、わいせつ物頒布罪（２年以下の懲役または２５０万円以下の罰金）、名誉棄損罪（３年以下の懲役または禁錮または50万円以下の罰金）にも該当する。また、相手が18歳未満の場合は、児童ポルノ公然陳列罪と児童買春（５年以下の懲役または５００万円以下の罰金）にも該当し、「写真をばらまく」と脅迫した場合は脅迫罪（２年以下の懲役または30万円以下の罰金）も該当する。

児童ポルノは所持もダメ！

児童買春の件数は減少しつつあるが、児童ポルノ事件の検挙数は10年間で約4倍になった。これは、スマホの発達で写真や動画を手軽に撮影できるようになったことと、SNSでかんたんに写真や動画を公開したり、送信したりできるようになったことが大きい。

インターネット上で公開された画像や動画を完全に削除することはほぼ不可能。児童ポルノの被害者になると、一生傷を抱えたまま生きていくことになる。子どもたちの心身を守るためにも、児童ポルノの危険性についてしっかり認識しておきたい。

児童ポルノとは、18歳未満の未成年の①衣服の全部または一部を着けない姿で、②性的な部位（性器等やその周辺部、胸部）が露出、強調されているもの、かつ③性欲を興奮させ、刺激する写真や動画のこと。「性的好奇心を満たす目的」で製造・所持・提供・陳列・運搬することが禁じられている。もちろん、家族のアルバムにある、子どもがプールで水着を着ている写真などは児童ポルノに当たらない。また、児童を扱っていても、アニメや漫画の画像などは児童ポルノに該当しない。

起こりうる犯罪

意見や批判のつもりが「誹謗中傷」や「脅迫」になっていないか

5ちゃんねるなどの掲示板では、「死ね（市ね、氏ねなどを含む）」や「殺す」といった表現が頻繁に使われる。もちろん、これらの表現は本当に死んでほしいわけでも、殺したいわけではないことはニュアンスでわかる。

ただ、こういった表現を使い慣れると、過激な表現へのハードルが下がってしまう。少し腹が立ったときでも「殺す」「死ね」と吐き捨てていると、相手がその意図を理解しない場合には、そのまま脅迫になりかねない。**脅迫罪は相手が怖がるかどうかは関係なく、生命や身体、財産、自由などを侵害する言葉を相手に送った時点で成立する**ため要注意だ。

インターネットでは表現の自由が保障されていて、誰もが自分の考えを自由に発言できる。しかし、怒りに任せて行きすぎた表現をすると名誉棄損や侮辱となり、訴えられるケースがあることも覚えておこう。言葉ひとつで人を傷つけたり、怖がらせたり、仕事を妨害したりできるということを理解して、冷静に言葉を選んで発言しよう。

名誉棄損罪　「○○は犯罪者だ」や「○○は愛人が3人いる」など、事柄を提示して相手の社会的地位を貶める発言をすると適用される。注意すべき点は、**指摘した内容が事実であっても名誉棄損となる**ことだ。名誉棄損罪は、相手が告訴することで適用される親告罪だが、認定されれば3年以下の懲役もしくは禁錮または50万円以下の罰金刑が科される。

侮辱罪　「○○はうそつきだ」や「○○は臭い」など、相手を公然とむやみに汚い言葉で罵倒した場合に適用される。侮辱罪は親告罪で、拘留または科料が科される。

脅迫罪　「殺すぞ」とか「無事に帰れると思うなよ」など、本人やその家族の命、身体、自由、財産、名誉を害することを告知して、脅した場合に適用される。脅迫罪は非親告罪で、脅迫が行われた時点で認定され、2年以下の懲役または30万円以下の罰金が科される。

偽計業務妨害罪　「○月○日、大阪駅で無差別に人を殺す」のように、犯罪予告やウソを書き込んで鉄道や警察の業務を妨害すると認定される。また、威力業務妨害罪は「店にトラックで突っ込むぞ」と脅して業務を妨害する場合などに適用される。共に罪に認定されれば、3年以下の懲役または50万円以下の罰金が科される。

子どもとネット

子どもはいつでもスマホに夢中……どうすれば上手くつきあえる？

2018年の中学生のスマホまたは携帯電話の保有率は約60%、高校生では90%以上にもなる。小学生ですら約30%がスマホを持っていて、インターネットは子どもにとってもインフラになりつつある。子どもにスマホを持たせるべきかどうかということより、**子どもをどのようにスマホやインターネットと関わらせるか**が論点になってきている。

まずは、インターネットやスマホが子どもにどのような影響をおよぼすのか。そして、そのメリットとデメリットを確認しておきたい。

子どもがスマホを持つことのメリット

子どもがスマホを持つことにはネガティブな意見も多いが、もちろんメリットもある。特に共働きの家庭では子どもとの連絡が重要になるため、積極的に子どもにスマホを持たせたいと考えている人も多い。また、勤務先からでも子どもの居場所を確認したり、災害時の連絡手段を確保できたりして安心だ。まずは、親にとって子どもにスマホを持たせるメリットを挙げてみる。

- 子どもと連絡を取る手段になる
- 子どもとの共通点が増える
- 帰りが遅い場合や災害時の連絡手段を確保できる
- GPSで子どもの居場所を特定できる
- ゲーム機を別に買い与える必要がない／外出先などでゲームをしていてくれる

子どもにとってのスマホのメリットは、次のようなものがある。

- 友達と連絡を取りやすくなる
- 親や友達との話題が増える
- 親への報告や伝達をメッセージで送れる
- 気軽に写真や動画を撮影し、楽しむことができる
- わからないことをすぐに調べられる

子どもがスマホを持つデメリット

このようなメリットがある半面、さまざまなデメリットとリスクがある。「会話が減った」「スマホばかり見ている」「勉強をしなくなった」「あやしいサイトに出入りしている」などが挙げられるが、多くはスマホの優先順位が上がったことにより起こっている。

保護者もどこかスマホに子守をさせてしまっている部分がないとはいえない。**保護者がルールを決めて、スマホとスマホ以外の時間や出来事のバランスをとる**ことが大切だ。

子どもがスマホを持つことのデメリットには次のようなものがある。

・いつまでもスマホを使っている
・ゲームやSNSに夢中で勉強がおろそかになる
・会話の減少
・歩きスマホによる事故
・視力や身体能力の衰え

子どもがスマホを持つことのリスクには次のようなものがある。

・暴力や性的表現などによる悪影響

・SNSでのいじめ
・ゲームやガチャなどの課金
・児童ポルノやセクハラ、児童買春、リベンジポルノ
・架空請求や恐喝、詐欺
・スマホ依存症・ゲーム依存症

大人が守るべきルールを決めよう

「子は親の鏡」というが、スマホばかりいじっている子どもになってほしくなければ、まず、**保護者が子どもの前では極力スマホに触れないようにする**ことが肝心だ。スマホが手元にないと落ち着かないという、軽いスマホ依存の大人が多い。「自分は大人だから」というロジックを子どもに押しつけても納得はしないだろう。子どもと一緒にいるときは、できるだけ子どもに話しかけ、子どもの話を聞くようにしよう。

・子どもと一緒にいるときは極力スマホに触れない
・子どもに伝えたいことがあれば、できるだけ直接話をする

子どもとネット

子どものスマホには、必ず「ペアレンタルコントロール」を設定しよう

子どもにスマホを買い与える際に前項のようなルールを決めないのは、子どもを危険な繁華街に放置するようなものだ。あっという間にゲームの虜になり、リアリティのない世界の住人になってしまうことだろう。また、危険なサイトにとらわれて、トラブルや犯罪に巻き込まれてしまうかもしれない。

子どもたちにインターネットの適切な使い方を教えると同時に、**子どもにスマホを買い与える際には、あらかじめ使用に関するルールを決めよう。**スマホ使用のルールには、①一日の使用時間、②使っていい時間帯、③使用するアプリ、④電話やLINEをする相手、⑤スマホでしてはいけないこと、⑥守れなかった場合の罰則、などを決めておこう。

また、保護者の側もスマホを使う際のルールを決めて子どもと共有し、守るようにしなければ説得力は生まれない。

ペアレンタルコントロールを設定する

スマホには、利用する時間帯や利用するコンテンツの内容などを指定し、有害な内容のコンテンツから子どもを守る「ペアレンタルコントロール」が用意されている。子どもと決めたルールに合わせて、**ペアレンタルコントロールを設定しておけば、子どもからスマホを無理やり取り上げなくても、決められた時間にスマホが自動的にロックされる。**

iPhone（iOS12の場合）でペアレンタルコントロールを設定するには、「設定」画面を表示し、「スクリーンタイム」をタップして、「スクリーンタイムをオンにする」をタップ。「これは子供用のiPhoneです」をタップすると、ペアレンタルコントロール機能が有効になる。続けて表示される画面の指示に従って制限する時間やアプリを指定しよう。

▲子どものスマホの利用を詳細に管理できる

子どもとネット

本当はこんなに怖い「スマホ依存」子どもを守るにはどうすればいい？

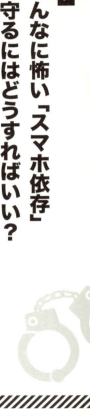

「スマホの画面から目を離すことがない」とか「部屋にこもってスマホでゲームをし続けている」という状態は、保護者が最も恐れている子どもとスマホの関係だろう。子どもがスマホの世界にのめり込み、勉強はおろか食事や睡眠もおろそかになり、話しかけても返事すらしない。次第に精神と身体のバランスを崩し、うつ病になってしまったという事例もある。

この例は極端にしろ、**スマホを持っていないと落ち着かない、着信履歴が気になって仕方がないなど、スマホにとらわれた状態を「スマホ依存症」という。**

スマホ依存症は10～20代の約60%に自覚があるなど若年層に顕著だが、30代の約50%、40代の約30%が、自分はスマホ依存症かもしれないと自覚している。また、10～50代の約20%がかなりスマホに依存していると感じていて、そのうちの20%の人が7時間以上スマホに触れているという統計もある。子どもにスマホを買い与える際には次の項目を確認して、保護者自身のスマホ依存度をあらかじめ知っておくべきだろう。
なお、該当する項目が多いほどスマホへの依存度が高いことを示している。

スマホ依存度チェック

- トイレや風呂にスマホを持っていく
- 自宅にスマホを忘れてきたことに気づいたら家に取りに帰る
- 食事中でもスマホを見る
- 枕元にスマホを置いて寝る
- 運転中も見える場所にスマホを置いておく
- 人と話しているときでもスマホを触ってしまう
- スマホが身近にないと不安になる
- 他人の着信音を聞くと自分のスマホが気になってしまう
- 歩きスマホをしてしまう
- ポータブル充電器を持っていないと不安だ
- 朝までスマホをいじっていることがある

スマホ依存を軽減する方法

スマホの画面を長時間見続ける日々を続けていると、まずは生活リズムが崩れて頭痛、肩こり、不眠症を引き起こし、次第に視力に悪影響を及ぼし始める。

さらに、精神と体のバランスが崩れてスマホの操作をやめようと思ってもやめられなくなる。この状態でスマホを取り上げると、パニックを起こして叫んだり暴れたりすることがある。スマホを取り上げた親を包丁で刺すという事件が起こっているほどだ。

スマホ依存を軽減するには、スマホとの距離をとるように設定を変更していくところから始めよう。

・SNSやメールの通知をオフにする
・スマホの使用時間を確認する
・ハマっているゲームやアプリを削除する
・パケット使い放題のプランをやめる
・スマホを持たない時間をつくる

世間で話題の「5G」ってなに？

最近、「○○が次世代モバイル通信5Gを開始」というようなニュースを目にする。5Gとは、携帯電話の電波の新しい規格のことだ。2012年に携帯電話の電波の規格が3GからLTEに切り替わったときのように、通信速度が速くなるだけと思っている人は多いだろうが、それは大きな誤解だ。

5Gはこれまでの4GやLTEと比べて格段に通信速度が上がるだけでなく、IoT（P58）の普及に不可欠なインフラになる革新的な通信規格だ。IoTといえば家電などの機器をワイヤレスでネットワークに接続する技術だが、これは工業や医療などにも応用でき、スマート工場や自動運転による流通が実現する。自宅勤務も可能になるので、満員の通勤電車は過去のものになる可能性もある。

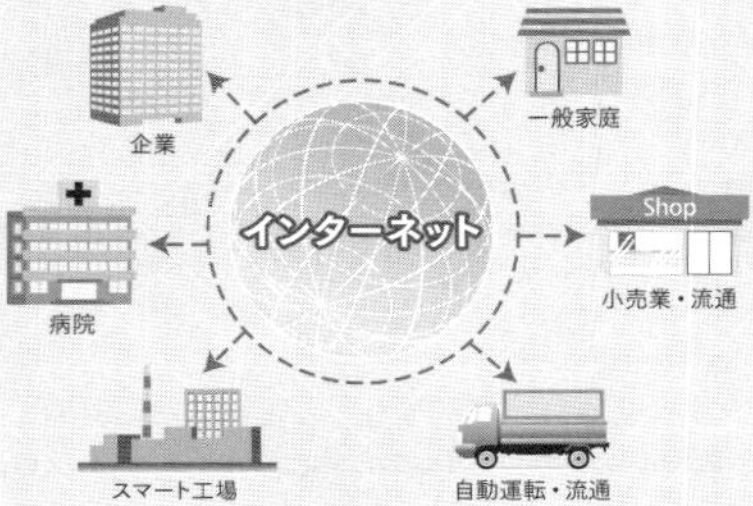

無駄を省いてスマートな社会へ

PLAYBOOKS 青春新書

人生を自由自在に活動《プレイ》する

人生の活動源として

いま要求される新しい気運は、最も現実的な生々しい時代に吐息する大衆の活力と活動源である。

文明はすべてを合理化し、自主的精神はますます衰退に瀕し、自由は奪われようとしている今日、プレイブックスに課せられた役割と必要は広く新鮮な願いとなろう。

いわゆる知識人にもとめる書物は数多く窺うまでもない。

本刊行は、在来の観念類型を打破し、謂わば現代生活の機能に即する潤滑油として、逞しい生命を吹込もうとするものである。

われわれの現状は、埃りと騒音に紛れ、雑踏に苛まれ、あくせく追われる仕事に、日々の不安は健全な精神生活を妨げる圧迫感となり、まさに現実はストレス症状を呈している。

プレイブックスは、それらすべてのうっ積を吹きとばし、自由闊達な活動力を培養し、勇気と自信を生みだす最も楽しいシリーズたらんことを、われわれは鋭意貫かんとするものである。

—創始者のことば— 小澤和一

著者紹介

吉岡 豊 <よしおか ゆたか>

パソコン書籍やアウトドア雑誌の出版社の経験を経て2010年に独立。これまでiPhoneやiPadからWindows、Macintosh、Office関連までと幅広いパソコン関連書籍100冊以上の執筆実績がある。

知《し》らずにやっている
ネットの危《あぶ》ない習慣《しゅうかん》

青春新書 PLAYBOOKS

2019年6月5日　第1刷

著　者　吉岡 豊

発行者　小 澤 源 太 郎

責任編集　株式会社プライム涌光

電話　編集部　03(3203)2850

発行所　東京都新宿区若松町12番1号 〒162-0056　株式会社青春出版社

電話　営業部　03(3207)1916　振替番号　00190-7-98602

印刷・図書印刷　製本・フォーネット社

ISBN978-4-413-21138-3

青春新書 PLAYBOOKS

人生を自由自在に活動する——プレイブックス

今夜も絶品!
「イワシ缶」おつまみ
きじまりゅうた
お気楽レシピで、
おいしさ新発見!
P-1124

日本人の9割がやっている
残念な健康習慣
ホームライフ
取材班[編]
「体にいいと思って」が、
逆効果だった!
P-1125

50代で自分史上最高の
身体になる自重筋トレ
比嘉一雄
スクワット、腕立て、腹筋の
「BIG3」を1日5分でOK!
P-1126

S字フックで空中収納
ホームライフ
取材班[編]
もう「置き場」に困らない!
かける・吊るす便利ワザ
100以上のアイデア集。
P-1127

青春新書 PLAYBOOKS

人生を自由自在に活動する——プレイブックス

いちいち不機嫌にならない生き方
名取芳彦
人の一生は〝機嫌の格差〟でこんなに変わる——下町の和尚がきれいごと抜きで明かす〝心の急所〟
P-1132

やってはいけない愛犬のしつけ
中西典子
2100頭の問題行動を解決してきたカリスマトレーナーが新時代のしつけを初公開！
P-1133

日本人の9割がやっているもっと残念な習慣
ホームライフ取材班［編］
ここが〝常識〟の落とし穴！間違い！台無し！逆効果！の132項目
P-1134

医者も驚いた！ざんねんな人体のしくみ
工藤孝文
これは神秘か、はたまた誤算か！衝撃の〝トホホな〟実態とは!?
P-1135

お願い　ページわりの関係からここでは一部の既刊本しか掲載してありません。折り込みの出版案内もご参考にご覧ください。